"博物馆青少年人文讲堂"系列

新物语

上海博物馆 编

人民文学出版社

图书在版编目(CIP)数据

新物语/上海博物馆编.—北京：人民文学出版社，2022

("博物馆青少年人文讲堂"系列)

ISBN 978-7-02-017088-3

Ⅰ.①新… Ⅱ.①上… Ⅲ.①博物学-中国-青少年读物 Ⅳ.①N912-49

中国版本图书馆 CIP 数据核字(2021)第 254856 号

责任编辑　朱卫净　张玉贞
装帧设计　李苗苗

出版发行　人民文学出版社
社　　址　北京市朝内大街 166 号
邮政编码　100705

印　　刷　凸版艺彩(东莞)印刷有限公司
经　　销　全国新华书店等

字　　数　165 千字
开　　本　720 毫米×1000 毫米　1/16
印　　张　12.25
版　　次　2022 年 3 月北京第 1 版
印　　次　2022 年 3 月第 1 次印刷

书　　号　978-7-02-017088-3
定　　价　78.00 元

如有印装质量问题,请与本社图书销售中心调换。电话:010 - 65233595

总 序/

2019 年，上海博物馆陆续推出"博物馆青少年人文讲堂"系列课程，包括"新悦读""新城记""新物语""新艺术""新美育"这几个专题，邀请名师为青少年朋友解读语言文学、城市文明、文物和考古、艺术和历史，以及何为"审美"，何为"美育"。在此基础上，现结集出版《新悦读》《新城记》《新物语》三种读本，旨在从新的材料、新的视角、新的方法上对大家有所启发，以激励新的思想，培育新的精神。

《新悦读》适于人类最古老的文字——《诗经》《亡灵书》"罗塞塔石碑"《汉谟拉比法典》《死海古卷》……如今，我们能在世界各大博物馆遇到它们或以它们为主题的展览，当面对先民述说的往事，我们能理解其中的记忆与情感、对世界的感知和诠释吗？什么东西亘古不变？什么东西转化成谜一样的密码？走进展厅，"阅读"成为钥匙，一道道门为爱智者开启。文字的世界始于现实世界，而后，吸引我们向着未来之境飞奔。

在学者为 2010 年上海世博会"城市足迹馆"撰写的著作里，他们认为城市塑造了文明，而城市的发生确是人类文明的第一站。而这正是我们必须探索城市之逻辑的原因。如何进入城市？是卡尔维诺式的，还是芒福德式的？应该关注哪些方面？城市的起源和历史、城市的生和死、城市的新和旧、城市里的个体和集群、城市的肉身和灵魂……在千万条交错小径中游走，我们自会有答案。

在《新城记》一书中，青年学者们为大家拉开一座座城市的帷幕，城市与考古、城市与历史、城市与战争、城市与艺术、城市与建筑规划、城

市与政治经济，乃至城市里那些最激动人心的事件、最需要反思的经历
一一展现，同时，他们也以实例携引大家走上初步的探索、研究路径。最
有意思的是，每一章节后附的问题都不需要标准答案，需要的是充满诚意
的理论和实践。

　　《新物语》关注的是中国古代艺术与历史，展开的是最经典的博物馆式
的命题。当物和人、事、时空、环境关联，大家会发现，它们自身便是立
体多元的，是生动的、有生命和灵性的。

　　希望这一系列丛书能伴随大家始于阅读，经由博物馆，达到每一个人
想去的那个地方。

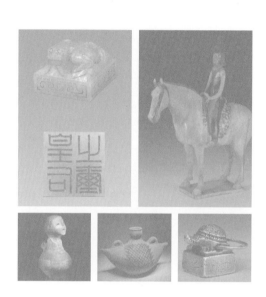

目　录

看见孔子

— 郭青生 —

一　初见孔子

我们首先根据《史记·孔子世家》等史料了解一下孔子的身世。孔子于公元前551年9月28日出生在鲁国陬邑昌平乡，名丘，字仲尼。他的父亲叔梁纥，祖上是宋国的贵族的后代，但早已没落，在孔子出生之前，他就去世了。母亲颜氏女子，是一介平民，孔子是靠母亲一手养大的。他跟周边农家孩子一样，自幼就要参与各种力所能及的劳动，这培养了他吃苦耐劳、坚韧不拔的品质。

但孔子毕竟不是普通的儿童。在母亲的教育下，他幼儿时就经常摆下"俎豆"，即祭祀的用具，玩一些祭祀祖宗的礼仪，这种与众不同的爱好，表明了他对礼仪文化特别关注，并具有进一步研究的禀赋。十五岁那一年，孔子的母亲去世了，他回到了父亲的家族，身份也由此从普通的农家子弟变成了小贵族。也就在这一年，孔子立下了学习的志向，下决心在学习和品德上不断提高完善自己。十九岁时，孔子结婚，第二年有了儿子。二十到三十岁之间，孔子曾经为鲁国贵族季氏家族充当小吏，负责征收粮食、管理仓储等工作。还从事过饲养畜牧的管理工作。孔子做事认真勤勉，成绩斐然，被提拔为季氏家族的"司空"，管理建筑工程。孔子后来获得了一个去都城洛阳的机会，他在那里学礼，还碰到了担任周朝守藏室之史的老子，孔子曾虚心地向他讨教礼仪之事。

这一切，为孔子之后的人生道路打下了坚实的基础。

孔子见多识广，博学多艺，坚持理想，百折不挠。他富有人文关怀精神，同时还是性情中人，喜怒哀乐溢于言表，具有很强的人格魅力。

孔子之所以能够成为文化巨人，首先因为他是个伟大的思想家，他创立了儒家学说，其核心是"仁"，并以仁、恕、诚、孝为核心价值观。他非常看重君子个人的品德修养，强调仁与"礼"相辅相成，重视五伦，即人与人之间的道德关系的建设。他抨击暴政，主张治理国家应施"仁政"，以德治国。面对春秋之际的社会变革和"礼崩乐坏"的局面，他持悲观的态度，力图重建他所想象的周初礼乐秩序。

孔子又是优秀的教育家，他青年时即投身教育，开创了私人讲学的社会风尚。他招收学生有教无类，对学生因材施教，诲人不倦，一生中有弟子三千，贤人七十二。许多学生终身跟随他，关系犹如父子。他教学的重点并非职业技能，而在于为人处世，不重"器"而重"道"。

为了实现自己的政治理想，孔子带领他的学生，以"知其不可而为之"的信念和毅力，周游列国。这是个非常艰苦的旅程，孔子从五十六岁出发，六十八岁返回故里，时间长达十四年。一路上多次陷于困顿甚至险情。但这四处碰壁却上下求索不已的经历，成为了他人生经历中最为宝贵的财富。

孔子一生中"述而不作"，没有著作。他的思想言论和行为由学生们记录下来并编成了《论语》。孔子晚年"删诗书，定礼乐，修春秋，序易传"，对古时的文化典籍《诗》《书》《礼》《乐》《易》《春秋》进行了修订。

孔子于公元前479年4月11日离世。按《史记》的说法，弟子们将他安葬在鲁国都城泗水的北岸（今山东曲阜）。弟子们以父丧的规格，为孔子守丧三年。孔子逝世，并不意味着他退出了历史舞台，相反，他的儒家学派被弟子们发扬光大，在春秋战国时代的百家争鸣中占据越来越重要的一席。

孔子有许多优秀的学生，他们是发扬孔子学说的中坚力量。我们所熟悉的有颜回、子路、子贡、曾参等人。颜回和子路在孔子之前死了，孔子非常悲伤。但是子贡靠经商发达了起来，他四处宣扬孔子的思想。子贡后来也当了官，甚至"常相鲁卫"，曾经担任过鲁国和卫国的宰相，把儒家的学问传播到更远的地方。曾参传说是个比较迟钝、老实的人。孔子逝世后，他发动同学，通过回忆，编成《论语》，比较真实地记录了孔子的言行，有血有肉，使得孔子远比诸子百家中的任何人的形象都更加鲜明，为世人留下了深刻的印象。战国时期，儒家中还出现了孟子、荀子等杰出的弟子和理论大师，他们从不同角度发展了孔子的学说，使儒家学说更加经世致用。儒家还吸收或者影响了诸子百家的思想，如在法家的《韩非子》中就能发现儒家关于"三纲"的主张。

在世的孔子，没有留下任何图像资料。只知道他继承了父亲的遗传基因，身高九尺六寸，约合现在的 1.9 米左右，外号"长人"。幼年和青年时代的他经常从事体力劳动，且吃苦耐劳，身材应当是十分高大的。另根据历史传说，孔子的头部生来就有一处如小山丘一般的隆起，显得与众不同。

二　汉代再见孔子

人们再次见到孔子的时候，已经是数百年之后的西汉了。秦始皇统一天下之后"焚书坑儒"，春秋战国时代百家争鸣的历史拉下了帷幕，孔子也随之不见了踪影。

孔子再度出现是因为汉武帝的"独尊儒术"。

西汉建立在秦朝末年农民战争的基础上，社会凋敝，民生艰难，百废待举，身居帝位的刘邦居然找不全四匹颜色完全相同的马来拉车，丞相萧何出门也只得乘坐牛车；同时还面临北方强敌匈奴的威胁，刘邦亲征匈奴竟然在白登山被围，国家的元气大伤，对匈奴不得不奉行"和亲"政策。因此，汉初也不得不以"黄老之学"为基本国策，也就是"无为而治"，国家不办大事，政策稳定，让老百姓自由自在地生活，休养生息，慢慢发展经济。

经过了六十余年的休养生息，整个社会生活逐渐安定下来，经济繁荣，财富也积累得越来越多。据说皇仓里的粮食，新粮压着陈粮，"陈陈相因"，以至于"充溢露积于外，至腐败不可食"；国库里，串钱的绳都朽坏了，钱多得无法数清。

汉武帝即位后，决心彻底改变汉初"清静无为"的政策，对内加强中央集权，对外则以强大的国力一举击败匈奴。而这一切的实施，都需要一种全新的学说替代黄老之学，成为一种普遍公认的思想基础。此时，董仲舒提出的"罢黜百家、独尊儒术"的主张，恰好符合了汉武帝的政治需求。

董仲舒的"儒术"实际上是经过改造的新儒学。他在先秦孔子的儒学中注入了"天人感应"的神学体系，借助阴阳、五行等学说论证儒家的仁义道德、纲常名教，来重新阐发儒家思想。

董仲舒的理论详见他的《春秋繁露》和《天人三策》等著作。他在儒学中新增的内容，简而言之主要有四：一、"天人感应"，即天意与人事存在交感相应，天能影响人事、预示灾祥，人的行为也能感应上天。二、"君权神授"，即君主的权力是上天给予的，是奉了天命来统治世人的，后世皇帝诏书中的"奉天承运"这句话就出自这一说。三、"三纲五常"中的"三纲"是下对上片面的义务，"君为臣纲"强调臣对君要忠，"父为子纲"强调子对父要孝，"夫为妻纲"强调妻对夫要从；"五常"则是人生"五伦"关系，可概括为父子有亲、长幼有序、夫妇有别、君臣有义、朋友有信。四、"大一统"。大一统为《春秋公羊传》的核心思想，原指天下诸侯皆统系于周天子，汉代以后则指国家政治上的整齐划一，经济制度和思想文化上的高度集中。

董仲舒的"儒家"思想有利于巩固封建专制制度，也有利于巩固中央集权，深受汉武帝的赞赏。儒家在汉代获得了"独尊"的地位。建元五年（公元前136年），汉武帝设置儒学五经博士。"五经"是儒家的五部经典，即《诗经》《尚书》《礼记》《周易》和《春秋》，相传它们都经过儒家创始人孔子的编辑或修改。

与此同时，汉武帝还宣布罢免其他诸子博士，把儒学以外的百家之学排斥出官学，史称"抑黜百家，表彰六经"。这里的"六经"其实就是"五经"，因为六经中的《乐经》在秦始皇"焚书坑儒"时被烧了。汉武帝通过起用儒士参政、兴办太学和地方郡学、将儒家经典确定为教科书等措施大大提高了儒学的地位。汉武帝时还遵循儒家思想，举行封禅、改正朔、修郊祀、定历数等重大礼制活动，初步奠定了儒家政治的文化传统。西汉的元始元年（公元元年），汉平帝封孔子为"褒成宣尼公"。

随着儒学成为显学，孔子的形象也大量出现在祠堂和墓葬等庄严场合的画像石上，不过它不是单独出现，而是和老子在一起，而且是"孔子见老子"问礼的图景。

目前发现的"孔子见老子"画像石主要集中在西汉晚期至东汉早期，根据已发表的考古材料，汉画像石"孔子见老子"的总数大约有三十幅，主要出土于山东、江苏和陕西三省。

在艺术手法上，各地出土的"孔子见老子"画像石一般采用平地浅浮雕的形式，使整个画面呈平面凸起状，同时在图中的人物或动物身上饰以阴刻直线，绝大多数人物都是侧面或半侧面，使得画面具有较强的动态感和装饰效果，并在画面构图上各有创新。通过这些人物形象生动的画像石，今人可以看到栩栩如生的儒家创始人孔子和道家始祖老子进行思想交流的历史画面。

1. 武氏祠的武梁祠画像石

武氏祠位于今山东嘉祥，也称武氏祠，建于东汉桓帝建和元年（147年）前后，是武氏的家族祠堂。

武氏祠现存武梁、武班、武荣三座地面石结构祠堂及双阙。其中武梁祠室内的壁画保存完好，画面布局严谨、雕琢精细、内容丰富、风格凝重，堪称集汉画像石之大成者。武梁祠的三面均有内容繁复的壁画，墓主人的宴饮、楼阁、出行图以及历代圣贤、儒家门人、历代名人、忠臣孝子、历史故事刻在迎向大门的正壁上。

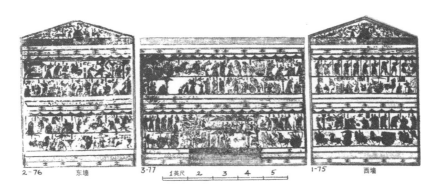

图 1　武梁祠壁画布局

北壁上孔子像是"孔子问礼"图。

"孔子见老子"是著名的历史典故，又称"孔子问礼于老子"或"孔老相会"。《史记·老子韩非列传》《礼记·曾子问》《庄子》中均有记载。

这幅画面上的每个人物均有榜题标明人物姓名。图中可见孔子拱手向老子行礼，姿态非常恭谨。后面跟着他最优秀的学生颜回。孔子和老子中间，站着一位名叫项橐的小童，他稚态未脱，一手推儿童玩具小车，一手向上扬起，面向孔子说话。

老子是诸子百家中道家学派的创始人，思想家和哲学家。从年龄上看，他是孔子的前辈，所以孔子曾经数次向老子问礼，跟老子切磋学问。第一次有年代可考的是孔子十七岁的那次。孔子见了老子以后，对老子做了高度评价。他说："鸟，吾知其能飞；鱼，吾知其能游；兽，吾知其能走。走者可以为罔，游者可以为纶，飞者可以为矢。至于龙，吾不能知，其乘风云而上天。吾今日见老子，其犹龙邪！"

画像石中"项橐三难孔子"，孔子拜项橐为师的典故，也是千古美谈。

项橐，据《淮南子·修务训》等记载，是春秋时期莒国（今山东日照）的一个神童。虽然只有七岁，但聪颖早慧，孔子多次被他问倒，并为其言谈的机锋所折服，把他当作老师一样请教，后世尊项橐为"圣公"。

老子为周朝守藏室之史，以博学而闻名，孔子向老子问礼、求教学问理所当然，而小小的神童参与其中，又算什么呢？对此后世有两种理解，

图2　武梁祠画像石　"孔子问礼"　东汉

一是贬孔子，认为孔子的学问不如小儿；二是褒，赞扬孔子"三人行必有我师"的虚怀若谷，如《三字经》所说"昔仲尼，师项橐，古圣贤，尚勤学"，意思是说，孔子尚且如此，我们怎能不虚心向一切人求学呢？

2.武氏祠西阙上的画像

这幅画刻在武氏祠西面的阙上，画面共五层，第一层也是"孔子见老子"。同武梁祠内壁画所不同的是，项橐站在孔子的前面，众弟子站在孔子的身后，均面向老子求教。

图3 孔子见老子
武氏祠西阙画像 东汉

图4 孔子见老子汉画像石
山东嘉祥核桃园乡齐山村出土 汉

类似的画面我们还可以欣赏几块：

◆ 山东嘉祥核桃园乡齐山村出土"孔子见老子"（汉画像石·部分）

◆ 山东嘉祥出土"孔子见老子"石刻

上层左边一人为老子，右边躬身者为孔子。老子、孔子皆宽衣博带，孔子手中捧有一雁。雁在古代是一种高贵的馈赠礼品，《仪礼·士相见礼》记载："下大夫相见以雁。"在孔子和老子中间有一小儿，为童子项橐。《战国策·秦策》说："项橐生七岁，而为孔子师。"孔子手拉项橐，向其请教问题。

下层为一辎车和一匹马。辎车车辕用一根杆支起，马也没有挽系，意为"停车致仕"。该画像石线条流畅，人物生动。

◆ 山东平阴出土"孔子见老子"

二人之间所刻稚童头部上方，有榜题："太□诧"。研究者推断两字之间所缺的字应为"项"。而诧即託，与橐字同音而借用。故该稚童为项橐。

图5 孔子见老子石刻
山东嘉祥出土 汉

图6 "孔子见老子"山东平阴出土 汉

◆ 山东嘉祥武宅山孔子见老子画像石

画面中间，一人拱手右向恭立，榜题"孔子也"。对面一人扶杖与孔子对语，榜题"老子"。孔子身后一人捧简跟随，据考证其人为南宫敬叔。一辆有屏辎车停立在孔子身后，御者坐车中，榜题"孔子车"。老子身后停一辎车，车上一御者，无榜题。车后三人捧简肃立。老子、孔子中间的人为项橐。

南宫敬叔是鲁国贵族孟僖子的儿子，其父命他拜孔子为师，并曾跟随

图7 东汉孔子见老子画像石 山东嘉祥武宅山 东汉

孔子赴洛邑向老子问礼。

◆ 山东东平汉墓壁画孔子见老子问礼图

2007 年 10 月 12 日在东平县城发现的一处汉墓，出土了一幅精美的彩色壁画，生动地描绘了孔子带领弟子请教老子的画面，色泽鲜艳，线条清晰，保存状况完好。这座汉代壁画墓是目前鲁西地区发现的壁画墓中保存最为完好的一座。

图 8　孔子见老子问礼图　山东东平汉墓壁画

图 9　孔子见老子画像石
山东嘉祥洪家庙　东汉

◆ 山东嘉祥洪家庙孔子见老子画像石

出土于嘉祥县洪家庙，画像为两层。上层左边为老子，右边躬身者为孔子。孔子手中持雁（持雁为古时初见尊长时所赠的礼品。这种礼节称为"贽礼"）。两人之间的小儿为项橐。下层内容为一辆车和一匹马。

◆ 山东嘉祥纸坊镇孔子见老子画像石

1983 年在嘉祥县纸坊镇敬老院出土，画面与"嘉祥县洪家庙孔子见老子画像石"基本相同。

除了山东以外，全国其他地方也有"孔子

见老子"的画像石出土。如四川新津出土的汉代崖墓石函上即有一幅。图中有三个人物，中间身材魁伟、正鞠躬施礼的是孔子；孔子之后，双手捧简肃然而立且略矮者为孔子的弟子。左部袖手安立、仰首作相迎状者为老子。在三个人的上方，分别刻有榜书"孔子""老子"和"子"，标明三人的身份。

图10　孔子见老子画像石
山东嘉祥纸坊镇出土　东汉

"孔子见老子"这一画面具有什么独特的寓意呢？为什么绝大多数集中出现在山东？为什么出现在汉代？为什么出现在墓葬、祠堂等场合？孔子为什么与老子同在一个画面之内？这些问题都值得一一研究。

综合现有的研究成果，大致有如下观点。

一、山东是齐鲁故地，是孔子的故乡，也是儒家学说的起源地，具有深厚的文化影响力。整个汉代，儒家以及创始人孔子具有崇高的地位，因此，孔子画像石多出土于儒学影响力深厚的山东，于情于理都无可厚非。

二、孔子与老子"同框"的现象，既表现了儒、道两位始祖，互敬互学，交流思想，切磋学问的历史场面；也体现了汉代仍然存在的对道家的推崇思想，山东秦汉时期齐地原有的皇帝神仙术以及神仙思想盛行，方术活跃，同样具有巨大的文化影响力，尤其是在民间。"孔子见老子"体现了人们将关注世俗世界的儒家和关注求道成仙的道教结合，实现了两教互补，前者管生，后者管死。

图11　孔子见老子
四川新津出土汉代崖墓石函

三、在"孔子见老子"中，老子的地位高于孔子，折射出儒、道两家依然存在竞争的现象，这种竞争意识不仅存在于刚刚开始"独尊儒术"的汉代，在唐宋时期儒家已经获得很高地位时依然在继续。神童项橐的频频出现，体现了孔子的好学精神和虚怀若谷的胸怀，是一种对孔子的尊重，但同时又有戏谑的"不敬"成分，就像"佛头着粪"之类的成语表达对佛陀的不敬和冒犯一样。

四、画像石的地方主要在墓葬和祠堂中，它们均是为人灵魂寄托的庄严场所，反映了死者与生者的精神追求。墓葬是为逝者准备的空间，是逝者地下新生活的开始，也是逝者走向新生的开始，而儒家先贤就是他们的指路明灯。祠堂不是墓葬，但它是连接生者和死者的纽带。既反映逝者的精神追求，也反映了生者对逝者的期望，以及生者自身的精神追求。比如，武梁祠画像所绘的故事内容，有的是死后的神仙世界，那是逝者生活的愿景；有的是上古帝王，表明要记住开疆辟土的艰辛；而孔子的形象，则是人们景仰和学习的榜样。作为垂教后世的历史典故勒刻于石，应当是当时的人们慎重选择的结果。

三　三见孔子

明清之时，由于儒家思想备受推崇，孔子的形象人们已经不再陌生。此时的孔子已经是圣人，神圣庄严。而老子则不断被神化，东汉末年被道教奉为"太上老君"，在明代的神魔小说《封神演义》中，老子也是重要的仙人角色之一，他担任阐教的掌教大老爷，地位极尊，法力高深莫测。

在考察这一时代孔子艺术形象前，我们先简单地回顾一下汉代以来儒学发展的概况。

三国至魏晋，是两百多年的乱世，政治动乱、政权更迭频仍是这一时代的基本特征。随着东汉政权的分崩离析，儒学失去原先的独尊地位，玄学盛行，成为思想哲学的主流。以嵇康、阮籍等为代表的"竹林七贤"都是著名玄学家，他们经常身穿宽袖大袍，喝酒纵歌，肆意酣畅地高谈阔论一些与当时政治无关的玄远话题。这种风气，倒也使儒学脱离了原先"天人感应"的浅薄层次，而加强了思想哲学的建设。这一时期，佛教从丝绸之路传入中国，本土的道教兴起，宗教对乱世中的民众极富吸引力，无数人修行研究佛学和道教。儒学面临着佛、道两家的激烈竞争。但在纷争中，三家也彼此取长补短，互相吸收融合，儒学也敞开大门，吸收了许多佛教的思想和哲学，来充实自己。

南北朝时期，南方汉族政权一直相对稳定。北方地区经过兼并战争，社会也逐渐安定下来，民族融合成为整个中国的大趋势，治国安邦成了统治者的头等任务。于是，政治上主张大一统的儒学受到重视，重新获得了官学的地位。北魏孝文帝大力推进鲜卑族的汉化政策，太和十六年（492），他加封孔子为"文圣尼父"，表明了他对孔子和儒家学说的尊崇。北魏之后的北周，明确"以儒教为先"，大象二年（580），北周静帝也加封孔子为"邹国公"。

隋朝结束了魏晋南北朝数百年的分裂，国家再度统一。隋文帝是个热心崇佛的皇帝，他坚定不移地相信"我兴由佛法"。《隋书》中记载了他们对儒道佛的排名，"佛，日也；道，月也；儒，五星也"。儒学排名第三。但隋文帝清醒地意识到，统治阶级人才的培养不是佛教能够胜任的。为了管理各级各类学校，他学习北齐的做法，特设"国子寺"，作为教育的行政领导机构。"国子寺"后几度改名，先后为"国子学""国子监"。"国子监"一词一直沿用到清末。开皇元年（581），隋文帝加封孔子为"先师尼父"，这是孔子第一次获得"先师"的称号，表明了隋文帝对孔子教育家地位的高度认可。

唐朝建国初，思想文化政策是儒、释、道三教并举，但实际依赖的还是儒学。唐太宗李世民不止一次地表示"朕今所好者，惟在尧舜之道，周孔之礼"。在唐代，儒家的经典从汉代的"五经"先后增加为"九经""十二经"。更有助于提升儒学地位的是，唐朝实行了科举制度，面向全社会选拔人才。任何人，无论什么出身，不用任何人的推荐，都有机会通过考试进入官员的行列。常设的科目最初有秀才、诗赋、明经、进士等五十多种。以后精简，明经、进士两科成为主要科目，而其中的明经，则主要是考验应试者对儒家经典的熟悉程度。进士考试很难，而明经就比较容易，所以当时流传有"三十老明经，五十少进士"的说法，意为三十岁考取明经科属"高龄"，而五十岁考取了进士却算是"年轻人"。唐朝的科举制度生机勃勃，为国家选拔了大量人才，唐朝许多宰相大多是进士出身。贞观年间，唐太宗看到新科进士们从端门列队而出时，非常得意，感慨地说"天下英雄尽入吾彀中矣"，意为天下的人才都被我收用了。科举考试和今天的高考一样，考试的内容也是指挥棒，引导着无数文人士子努力的方向。唐代加封孔子五次，分别为"先圣""宣父""太师""隆道公"和"文宣王"。

宋明之际，出现了以哲学的视角解释儒家经典的"理学"，为儒学注入了思辨的哲学精神，这又是一种"新儒学"。南宋时，儒家经典正式确立为"十三经"，并将《大学》和《中庸》从《礼记》中抽出，和新增的《孟子》、十三经中的《论语》一起，编成了"四书"。和《诗经》《尚书》《礼记》《周易》《春秋》五部作品合称为"四书五经"。北宋时，科举考试科目取消了"诗赋"等科目，数量减少，内容更加向着经典的方向倾斜。王安石改革后，规定进士考试共分四场，其中前两场都是考儒家经典，后两场考"论"和"策"，谈治国的理念和方法。

南宋的理学大师朱熹将孔子的治国理论总结为"修身齐家"和"治国平天下"之说，将正心诚意、格物致知作为修身的根本，指出它们是治国平天下的出发点。从那时起，在知识分子中确立了以儒立身的人生道路，将以修身齐家治国平天下作为他们一生的理想追求。"格物致知"同时也是一种科学的认识论，即认识真理，必须首先细致地观察、研究客观世界，而不是从概念到概念。清代的"颜李学派"将"格物致知"和"修身齐家"等理论总结为："格物致知，学也，知也。诚意、正心、修身、齐家、治国、平天下，行也"。有意义的是，在当代的博物馆中，人们也将"格物致知"作为博物馆教育的根本理路和一种认识世界、了解历史文化的基本方法。

至于儒道佛的关系，南宋时也做了精辟的总结和提炼。南宋皇帝宋孝宗在《三教论》中说："大略谓之，以佛修心，以道养生，以儒治世"，将儒学放到了治理国家的地位上。整个宋代，孔子受封两次，一次是"玄圣文宣王"，一次为"至圣文宣王"。

我们选择明清时期再见孔子，是因为明清时代已经到了封建社会的晚期。儒学一路走来，适应了社会发展需要，也发展成一个空前庞大的思想和学术体系，它以儒家学说为核心，涵盖了中国传统的除了宗教以外几乎所有的学术流派。我们对儒学可以有更加深刻和全面的认识了。

明清两代长达六百年，儒学地位再也没有动摇过。明末清初，出现黄宗羲、顾炎武、王夫之等著名思想家，他们在政治上批判君主专制，倡导民本民生；在经济上反对重农抑商，认为工商业也是国家之本；在做学问的问题上，他们反对空谈，主张经世致用；在思想哲学上，他们批判唯心主义，发展唯物主义。清代儒学最大的贡献，是作为一种全面统摄国家意识形态和民间道德规范的思想工具，维护了多民族、辽阔疆域国家的大一统，而且，还以"和而不同"的博大胸襟，促进了民族团结和社会稳定。

在"乾嘉学派"专心致志地从事学术考据的同时，儒学深入民间的深度和广度也超过了以往的任何一个时代。"四书五经"中格言所包含的哲理成为了人们至少在表面上都要遵循的行动准则。如《论语》中的"三人行必有我师焉"的虚心好学精神，《中庸》中的"博学之，审问之，慎思之，明辨之，笃行之"的知行观念，《尚书》中"老吾老以及人之老，幼吾幼以及人之幼"的博爱精神，《孟子》中"富贵不能淫，贫贱不能移，威武不能屈"的高尚品格，无一不为平头百姓所耳熟能详。南北朝时期编写的《千字文》、南宋编写的《三字经》这类童蒙教育的基本教材也充盈着儒学的精神。

儒学伴随着封建主义制度的成长而成长，也随着封建主义制度的衰微而衰微。明清儒学也不可避免地走向反面。它的核心观念越来越不适用于剧烈变化的社会，儒学的研究也逐渐沦为形式主义，人们越来越多地将其视为"金榜题名"的敲门砖和出将入相、升官发财的手段。

明清的科举考试，内容只剩经义一门。考试的内容均出自"四书五经"，考试的文体也演变成了非常僵化死板的"八股文"。

"八股文"的每篇文章均由破题、承题、起讲、入手、起股、中股、后股、束股这八个固定段落组成，每一段落的字数都有限制，其中，起股、中股、后股、束股的部分还要求严格对仗。文章的内容则是"代圣贤立言"，即揣摩孔子、孟子、朱熹等圣贤的语气发表言论，不得在儒家经典之外旁征博引。八股文不仅本身丧失了唐代以来的诗、赋、论、策等文体的熠熠文采和酣畅气势，而且这种学术训练严重束缚了人的思想，阻碍了学科的发展，也阉割了创新的精神。科举到此时，已经失去了选拔人才的功能，而且限制了整个社会思想学术的发展。清乾隆年间，出现了像《儒林外史》这样揭露吏治腐败，批判科举弊端的批判现实主义小说，对礼教的虚伪和科举制度下人性的扭曲进行了无情的批判和嘲讽。

明清时代，孔子被封了三次尊号，加上元朝的，共四次。分别为："大成至圣文宣王"（元）、"至圣先师"（明）、"大成至圣文宣先师"（清）、"至圣先师"（清）。

最后，我们再回到孔子的艺术形象上来。

其实，汉代人们见到的孔子形象，除了画像石外，还有绢帛和纸本上的画像。西晋以来，随着职业画家的出现，孔子也成为历代画家喜欢表现的内容，孔子和老子不再"同框"出现，形象更加高大，已经完全是圣人的模样了。许多著名的画家也进入到刻画孔子形象的行列中来，如张收、戴逵、陆探微、张僧繇、阎立本、吴道子、周昉、董源、卫贤、李公麟、马远、梁楷、赵孟頫、吴伟、吴彬、黄慎等，他们从不同的角度，绘制孔子及其学生的形象。从宋代开始，为了更好地保存前代作品，传播孔子的形象，人们开始将孔子像镌刻于石头和木板上。在孔庙里，还出现了孔子及其弟子的立体形象，他们如同佛像一般，按照一定组合巍然肃立。

明清时代的孔子像，主要以"圣迹图"的形式出现，有点像佛教中讲佛陀生平的"佛传故事"。"圣迹图"将孔子的一生,以时间为轴一帧一帧地描绘出来。其内容主要取材于《史记·孔子世家》,以及《孔子家语》《论语》和《孟子》等,因事绘图,缘图配文,图文并茂。这种连环画式的孔子编年史,也是面向民众宣传孔子史迹的生动教材,推动了儒学的民间化进程。

目前所能看到的最早的《孔子圣迹图》始于明代。明正统九年(1444),监察御史张楷依据《史记·孔子世家》中记述的孔子史实,旁采《论语》《孟子》等,辑成《圣迹图》,反映孔子生平的29件事,并撰写了每幅图的说明和赞诗,木刻传世。弘治十年(1497),何廷瑞等又新增9件事共计38幅后重新刻印,但新增9图有说明而无赞诗。事实上,明清《孔子圣迹图》的版本非常多,其中也包括文徵明等在内许多画家创作的多种版本。

清代画家焦秉贞所画的一幅《孔子圣迹图》,是目前学界公认最好的

图 12 文征明《孔子圣迹图》 卷首
孔子像

图 13 焦秉贞《孔子圣迹图》

一幅。此画表现了孔子周游列国,游说诸侯的故事。绢本设色,纵29.2厘米,横35.7厘米,现存于美国圣路易斯美术馆。

现在,我们以曲阜孔庙的"圣迹图"为例,感受一下明清儒学宣传群众的艺术感染力。(以下图片均取材于孔喆编著的《孔子圣迹图》,山东城

市出版传媒集团·济南出版社，2016 年）。

先圣小像

图中前为孔子，后随颜子（即颜回，孔子最喜爱的弟子），故此图又名"圣行颜随"。

图 14　先圣小像

俎豆礼容

孔子五六岁时，常喜欢摆上俎豆等祭祀用品，模仿祭祀的礼仪。他有礼仪的天赋，无师自通，许多小孩都跟着他学礼，名声便在当时的诸侯国中不胫而走。

图 15　俎豆礼容

司职委吏

孔子二十一岁时，曾到鲁国执政大夫季孙氏家任乘田吏，主管仓库和苑囿，孔子尽心尽力地做好了各项工作。

图 16　司职委吏

太庙问礼

孔子进入鲁国太庙，对所见一切都要提问，有人认为孔子每事问，就是不懂礼。孔子说这就是礼，不懂就要问，不能不懂装懂。

图 17　太庙问礼

问礼老聃

孔子三十五岁时，带领南宫敬叔等弟子到周地去，向老子问礼，因为老子曾做过周王朝的守藏室之史（管理藏书的官吏），熟知周礼，所以孔子特向老子请教礼仪的问题。

图 18　问礼老聃

圣门四科

孔子的教学分为四科：德行、言语、政事、文学。每科都有出色的学生。

图 19　圣门四科

退修诗书

孔子整理古代文献，晚年叙《书》、传《礼》、删《诗》、正《乐》、序《易》、修《春秋》，以诗书礼乐教育弟子。弟子三千，身通六艺的贤人七十二人。

图 22　退修诗书

韦编三绝

孔子晚年喜读《易经》，由于用功太多，把穿连竹简的牛皮绳都翻断了好几次。他还说，如果让我多活几年以学习《易经》，就可以不犯大的错误了。

图 23　韦编三绝

西狩获麟

哀公十四年春，即孔子去世的前两年，鲁国人打猎，打死一头异兽，孔子认为是麒麟，哭着说，麒麟是仁兽，刚出现就被杀，我的"道"就要到头了。

图 24　西狩获麟

治任别归

孔子死后埋葬在鲁国都城以北的泗水边上，弟子们结庐而居服丧三年，而后依依惜别。但子贡一人在墓侧继续结庐守墓，满六年才离去。

图 25　治任别归

汉高祀鲁

孔子死后，人们每年按时祭祀孔子墓。孔子故居被改作庙宇，保存着孔子生前使用过的衣、冠、琴、车、书。汉高祖刘邦经过曲阜，用太牢，即猪、羊、牛三牲祭祀孔子，表示对孔子的崇敬。

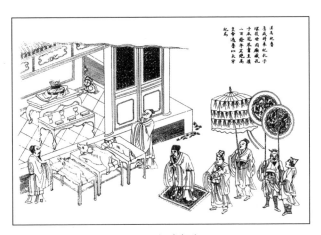

图 26　汉高祀鲁

小小钱币大学问

— 郭青生 —

来到上海博物馆的中国古代货币馆，可以观赏到中国古代的各种货币。展览的开头有硕大的铲子和一把可抓十来个的小巧的贝，青铜货币似乎占据了展厅的主体，放眼皆是。它们有的像小巧的贝，有的是刀形和铲形的古钱，更多的是我们熟悉的方孔圆钱。此外还有贵重的金银，其中有像巧克力一样似乎可以掰成小块的金版、与影视剧中的元宝不同的银锭。还有纸币、机器制作的铜钱和银元。

作为艺术博物馆，货币展厅所展示的货币的艺术，有的具有非常高的艺术价值和历史价值，为收藏家所津津乐道。但除此之外，货币馆还是了解中国古代货币起源、发展以及与经济文化发展之间关系的窗口。一边看着满房间的货币一边学习货币的知识，比纯粹的读书有趣得多。如果将书中的知识和展厅中的货币对照、结合起来学习，所获得的知识和乐趣也会更多。

一　货币产生的机制和货币的前身

我们先了解一些关于货币的概念，以加强对中国货币发展历史以及各种货币形式的了解。

1. 货币的概念和功能

（1）货币的概念

货币是一种专用于交换的一般等价物。这个"一般等价物"是从商品经济中发展出来的，当商品交换催生出一种或几种固定的用于交换的商品时，这些商品就成了"一般等价物"，即货币。

（2）货币的基本形式

大体有三种：

① 实物货币。即用来当交换媒介的商品。中外历史上有许多实物曾经充当过货币。详细内容将在"物物交换"中叙述。

② 金属货币。即由金属制成的货币。相对于其他实物货币而言，金属货币具有价值含量高、体积小易携带、不易变质等优点。

③ 信用货币。传统形式主要是银行券和纸币。纸币是我们接触最多、最熟悉的货币，它靠发行者（例如国家）的信用担保流通，本身的价值可以忽略不计；现代的则是存款货币，以支票或信用卡为支付工具，依靠商业银行转账结算。现在流行的手机支付，实际上也是存款货币的转账。

（3）货币的功能

大体有五种，但前三种跟我们日常生活的关系最为密切。

① 价值尺度。它像一把尺子，用来衡量货币以外一切商品的价值，即这件东西值多少钱。

② 流通手段。用来购买商品，"一手交钱、一手交货"，使商品在市场上流动起来。

③ 储藏手段。暂时不用的钱可以储存起来，留待将来某个合适的时候使用。钱储存多了，就成了"有钱人"，是商家欢迎的"潜在客户"。

另外还有两种分别是支付手段和国际货币，都与我们的日常生活关系不大，在这里就不展开介绍了。

2. 货币产生的机制

先关注一下有关货币的基本理论。货币，我们俗称"钱"或"钞票"，货币是相对比较学术的、规范的名称。

首先，货币是商品经济发展的产物，同时，货币也是从实物交换的困顿中产生的！

在漫长的旧石器时代是没有货币的，因为采集和渔猎经济让人类温饱尚可，但积累不了多余的物资，比如食物。进入新石器时代，农业革命发生了，农作物的种植生产取代了采集，养猪、养鸡取代了打猎，人们获得生活资料的能力提高了，慢慢出现了生活资料的盈余，人们开始有条件用自己多余的东西从别人那里换取更需要、更喜爱的东西。只不过这种交换在物质资料不多的时候带有偶然性。当手工业从农业中脱离出来，物与物的交换就成为了经常性的行为了。例如一个富有创新意识、心灵手巧的农民华丽转身，变成了一个优秀的制陶工匠（可以看看本馆陶瓷展厅展示的那些精美的新石器时代陶器），此时用陶器换取粮食自然成为他日常生活的一部分。从农民中还成长出许多其他行业的手工业人才，他们也都会经常性地用自己的产品换取别人的产品。商品经济就这样从经常性的交换行为中产生了。

图 1　大汶口文化红陶兽形壶　　山东博物馆馆藏

图 2　新石器时代裴李岗文化石磨盘石磨棒　　河南博物院馆藏

图 3　新石器时代良渚文化兽面纹玉镯　　浙江省博物馆馆藏

图 4　原始社会贸易场面

物与物的交换其实是一件很伤脑筋的事。让我们假设一下：如果有一位种植粟的农民试图得到一只陶罐，按通常的方法，他会拿自己的粟去交换。可工匠此时需要的不是粟却是麻布。于是，这位农民就必须设法将粟换成麻布，然后用麻布去换得陶罐；假如麻布的制作者也不需要粟而要丝，那么，这位农民只能走一条更加迂回曲折的道路：用粟换丝，用丝换麻布，最后用麻布换到自己需要的陶罐。这条交换的链条显然太长、太复杂，中间任何一个环节断裂，就会导致交易的失败。此外，物与物的交换中还存在一个价值尺度的问题。例如，一只陶罐等于多少粟？一块麻布又等于多少丝？等等。物与物的直接交换，相互之间形成的比价是不稳定的，它们缺乏一个共同的单位来表现商品的价值。

正是这些复杂的环节和种种麻烦，才迫使人们去寻找一种交换各方都能接受的并且可以衡量物品价值的东西作为交换的媒介。这种东西也是商品，人们在交换之前必须和它相比较，才能确定双方商品的价值，这种商品叫做"一般等价物"，也就是货币。

中南美洲的印第安人，曾经用咖啡豆的数量来衡量商品的价值。也就是说，你的东西值10颗咖啡豆，我的值5颗，那么我得用两件东西交换你的一件东西。但咖啡豆并没有上升成货币，因为它太容易得到了。

在原始社会时期的中国，曾经用作一般等价物的东西很多，因此货币的范围也很大，如贝壳、牲畜、兽皮、粮食、布帛、贵金属等等都曾经充当过货币，但粮食容易腐烂，牲畜无法分割，布帛的质量参差不齐，容易产生争议，最后人们终于将目光落在坚固耐用、便于计数、方便携带而且来之不易的物品上，贝就是符合上述条件的第一位主角。

3. 最原始的货币——贝币

顾名思义，贝币就是用贝壳加工而成的货币。贝壳是来自大海的馈赠，它坚实圆润，有着珍珠般的色泽，不要说遥远的新石器时代，即使在现代，漂亮的贝壳也是人们喜爱的装饰品。大约在夏朝，贝壳从单纯的装饰品逐渐演变成了具有购买功能的货币。在中国的远古时代，贝的种类很多，作为货币使用最多的是一种产于南海的齿贝，学名为"货贝"（Cypraea moneta）。人们往往将用作货币的贝壳凸出一面磨平，或钻一穿孔，这样携带起来就很方便了。中国有漫长的海岸线，出产贝的地方很多，中原地区的人们为什么选择遥远的南海的贝当成货币呢？原因很简单，如果什么贝都能当作货币，有人不事生产，整天挖贝，去换取别人辛辛苦苦劳作得来的产品，那不麻烦了吗？

图5　妇好墓出土贝币

图6　西周贝币　上海博物馆馆藏

　　贝币的计数单位通常为"朋"，也就是"串"的意思，甲骨文的"朋"写作"(11)"。一望而知，朋就是两串相连的贝。至于一朋是由几枚贝串成的，

图7　西周　小臣单觯及其铭文

说法不一，其中比较权威的说法是10枚。根据目前的考古发现，商代使用贝的数量最多，在河南安阳妇好墓中，就已经出土了六千八百余枚。甲骨卜辞和青铜器铭文中，常常看到"赐贝"和"用贝"的记述，赐贝的数量多为10朋或20朋。根据对一些青铜器铭文的解读，贝是一种购买力很强的货币，

1朋贝可购买12.5或15亩土地。10朋或20朋就是不小的数目了。

　　贝在中国留下了深刻的印迹。汉字中，许多与财富、价值、交换有关的字往往与"贝"有缘，表明在中国文字形成的时期，"贝"已经是一种价值的代表了。如：寶（宝）、货、贮、買（买）、賣（卖）、贸、贷、赁、

资、贵、贱，等等。

全世界有许多地方使用过贝，如印度、缅甸、斯里兰卡、印度尼西亚，以及欧洲、北美、澳大利亚、非洲沿海等地区的旧石器时代和新石器时代遗址里都有使用贝的遗迹。

二　青铜铸币

青铜铸币是中国金属货币的主体。

夏代是中国使用金属货币的开端。《史记·平准书》记载："农工商交易之路通，而龟贝金钱刀布兴焉。……虞夏之币，金为三品，或黄或白或赤，或钱或布或刀或龟贝。"《盐铁论·错币篇》记载，"夏后以玄贝"。商朝的商品经济有了更大的发展，史载"殷人贵富"，善于经商。商人制作青铜器和琢玉的技术高度发达，殷墟出土的许多贝玉龟甲都来自外地，这表明商朝的商业活动已经超越国境。

目前所知，中国最早的青铜铸币出现于商周时代。因为发行货币是政府的事，它需要国家的信用担保。商周国力强盛，江山稳固，为货币的发行奠定了信用的基础。而用青铜铸币，则表明青铜本身具有很高的商品价值，是制造各种青铜礼器和工具、武器的材料。青铜铸成的货币形态稳定，不易磨损，大小相等，便于携带和保管，具备货币的基本要素。上海博物馆陈列的最早的金属铸币，是商周的青铜铲和刀，一共三件，第一件铲的年代不确定，但属"商周"无疑；第二件铲和第三件刀的所属年代均确定为"西周"，其中铲上有"上"字铭文。它们比实用的工具小，而且显然无法作为工具使用；但比起后世的青铜货币又实在是个巨无霸，硕大而笨重，携带并不那么方便。人们认为它们是货币的原因大概有二：其一，当时的铸币者的想象力深受曾经用作"一般等价物"——工具的局限，货币的形状与工具相近情有可原；其二，青铜本身有价值，重量就是价值的体现。

历史上的青铜铸币包括仿真货币、圜钱、蚁鼻钱等各个阶段和多种形态，最终演变成方孔圆钱。方孔圆钱又称"古钱"，流通时间长达两千多年，是中国古钱币的主体。

1. 仿真货币时期

春秋战国时期，农业和手工业达到了较高水平，城市经济繁荣。《战国策》的记载说，古者"城虽大，无过三百丈者，人虽众，无过三千家者；今千丈之城、万家之邑相望也"。齐国的临淄"车毂击，人肩摩，连衽成帷，举袂成幕，挥汗成雨，家殷而富，志高而扬"。各地商业来往增加，洞庭之鲋、东海之鲕、云梦之芹、阳朴之姜、大夏之盐、江浦之橘等地方土特产，在中原市场都有较高的知名度。商人的活动异常活跃，春秋时期使齐国称霸的管仲、鲍叔都是大商人，辅佐越王勾践复国的范蠡（即陶朱公）在十九年之中，三次将财富累聚至于"巨万"。战国时期甚至出现了吕不韦这样懂得利用自己财富参与政治投机，以获"无数倍"利的巨商大贾。孔子的弟子子贡也是大商人，《史记》中司马迁在"仲尼弟子列传"和"货殖列传"两处指出，孔子之所以名扬天下，与子贡的慷慨支持和赞助也有密切的关系呢。

春秋战国时期的经济繁荣、商业兴盛，为货币铸造发行的兴盛奠定了坚实的物质基础。

春秋战国的数百年间，是古代货币发行最繁荣的时期之一。青铜铸币完全取代了贝币，成为市场流通的主角（在此补充一句，在中国的农村，物与物的交换始终没有被货币完全取代，农村的集市贸易始终存在物与物的交换）。这期间货币的形状很特别，中原各诸侯国的货币，有的像农具中的铲子，有的像工具中的刀，有的像纺纱用的纺轮，但都比真正的工具要小。南方的楚国别开生面，它的货币不仿工具而仿贝，被称为"蚁鼻钱"。

春秋战国这些仿自实物的货币在钱币学上尚无公认的集合名词，在这里，我们不妨把它们叫作"仿真货币"。

春秋和战国的货币形状相近，但有区别。春秋时期的布币上部保留着真实农具装木柄的孔（古人称为"銎"，读音：qióng），只是体量变小，厚度变薄。这种货币被称为"空首布"（古时将一种类似锹的挖土工具称为"镈"，因与"布"同音，也写作"布"）或"銎首布"。战国时期，人们终于意识到货币上装木柄的銎（qióng）毫无实际意义，因而将其改为扁平的形状。另一种脱胎于双齿农具"耒"的货币，上部的銎也变得扁平而消失。这两种无銎的货币都称为"平首布"。春秋战国的货币大都铸有数字或铸造货币的地名。

春秋战国时代各诸侯国都铸造货币，但货币的形制不统一，统一的货币是到秦朝才出现的。

归纳起来，这一时期的货币分别属于布币、刀币、圜钱、蚁鼻四大系统，这意味着此时的货币已经脱离了原始状态，正在向成熟货币的门槛迈进。

这些货币的分布如下：

（1）布币

"布"是一种农耕工具，形状如铲子。布币产生的年代较早，西周时期可能已经流通使用。早期的布币简直就是一把缩微铲子，一般首部（向上突起的部分）中空，仿佛可以安装木柄，称为"空首布"。最大的空首布身长连首可达16.5厘米左右，两面都没有文字。有文字的布币，有铸干支、

图8　春秋晋
聳肩尖足空首布

图9　战国赵　安阳方足布

图10　战国魏　安
邑半釿圆肩方足布

数字、地名，有的铸货币的重量，其流行主要地区是战国时期由"三家分晋"而来的韩、赵、魏以及燕国。

从插图可见，春秋时期的布币更加接近实物工具的铲子，铲子的上端有插孔（銎），可以插入木柄。而战国的布币则放弃了插孔，变成了扁平的形状。魏国布币的肩部失去了棱角，不易刺破钱袋，更加便于携带。

（2）刀币

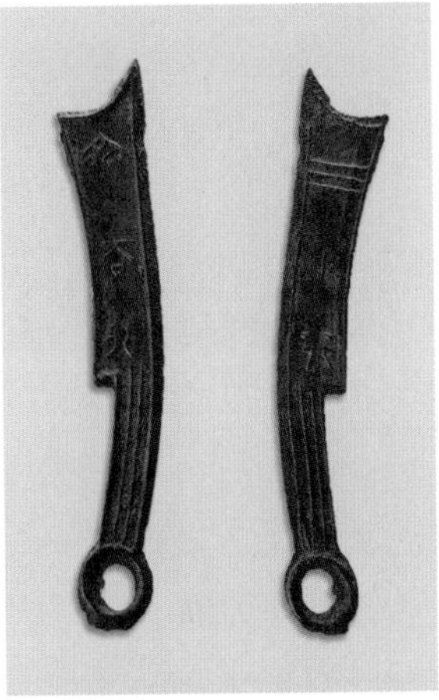

刀币起源于东方渔猎和手工业较发达的地区，是由实用工具中的刀演化而来的，形状几乎和真正的刀一样。主要在战国时期的燕国和齐国以及邻近的地区流通，其中燕国的刀币较小，称"小刀"，刀背铸有干支和数字。齐国的刀币较大，称"大刀"。大刀大而厚，重量一般在40克以上，齐刀有齐法化刀、即墨刀、安阳刀等。赵国与燕、齐相邻，也有刀币。

（3）圜钱

圜钱是一种环状的圆形钱币，其起源也许与纺轮、玉璧、玉环有关。圜钱流通的地区很广，春秋战国时期的许多地区都有过它们的踪影。在圜钱的基础上，秦、齐、燕等国诞生了方孔圆钱。圜钱出现的时间虽然较晚，但生命力旺盛，它们是中国流通了两千多年的"孔方兄"的鼻祖。

战国时秦国的圜钱是秦惠文王二年（公元前336）"初行钱"时开始铸造发行。因钱的重量为12铢，合半两，故钱上铸"半两"二字。秦始皇统一币制时以"秦半两"为标准钱统一各国铜钱，后世出现货币减重现象，但仍维持"半两"的名称，如西汉的八铢半两。半两钱一直沿用到西汉的汉武帝时期。

（4）蚁鼻钱

楚文化是中原文化之外发展起来的南方文化，虽与中原文化交流广泛，

图 11　战国齐　齐法化刀

图 12　战国秦　半两钱

但保留了大量自身的文化特性。蚁鼻钱是流通于南方的楚国的青铜铸币，形状很像贝币，大概就是由铜贝发展而来的。蚁鼻钱的重量一般只有 2 克到 5 克，背面扁平，正面凸起，上面铸有文字。目前发现的文字有十多种。其中一种文字笔画较多，像一只蚂蚁；另一种犹如一张难看的人脸，俗称"鬼脸钱"。

这是上海博物馆陈列的楚国蚁鼻钱。其实，鬼脸和蚁鼻没人见过，但经过再三的心理暗示，它们看上去的确有点像鬼脸或者蚂蚁的鼻子了。

（5）仿真钱币的绝响——新莽钱币

在春秋战国仿真钱币被方孔圆钱完全取代两百多年以后，仿真钱币又一次"轰轰烈烈"地登上过历史舞台。这就是新朝王莽铸造的仿真钱币。

图 13　战国楚蚁鼻钱

在新朝统治的短短的十余年间，王莽进行了四次以"托古改制"为纲领的货币"改革"，大肆铸造布币和刀币等钱币。王莽的币制"改革"引起了社会经济的巨大混乱，不过，他的钱币制作精美，书法纤秀。图中的"金错刀"，由形如方孔钱的环和刀柄组合而成，环上用黄金镶错"一刀"两字，柄上有"平五千"三字，尤其受到历代收藏家的青睐。

2. 方孔圆钱

方孔圆钱是我国古代铜钱的固定形式，即中有方孔的圆钱。钱中的孔可用于穿绳，一千文钱（也就是一千枚）用绳子串起来，称为一贯。

方孔钱以秦的半两钱为开端，终止于民国初年的"民国通宝"，在我国沿用了两千多年。

（1）半两钱

秦统一中国后，于秦始皇二十六年（公元前 221）统一币制，秦国"半两钱"成为秦朝的通用货币。"秦半两"继承了战国时期的形态，圆形，中有方孔。从秦代开始，方孔圆钱成为中国封建社会最基本的法定通货，"孔方兄"登上了历史舞台。

西汉初年，因秦钱太重，政府允许私人铸钱。这种民间私铸的半两钱，轻小如榆荚（榆荚是榆树的种子，圆形，成串生长酷似钱串，分量极轻），称为"荚钱"。吕后二年（公元前186），改行重八铢的半两钱，六年又行"五分钱"，重量仅为秦半两的五分之一。文帝五年（公元前175）推行"四铢钱"，钱上所铸的文字仍是半两。这一时期的半两钱，重量屡有变更，使原来名实一致的半两钱制形同虚设，混乱不堪。

圜钱是个了不起的发明，它通体浑圆，大小和重量都合适，便于手拿；中间穿孔，便于携带和计数，因而具有强大的生命力。这种形状的货币通行中国两千多年，有其内在的规律。我们可以看到，世界范围内绝大多数的金属硬币从古到今基本都是圆形，分量也与秦的"半两"不相上下。假如战国末期，统一中国的不是秦国而是楚国或齐国，相信中国的法定货币在经历了蚁鼻钱或刀币之后，一定也会发展成为圜钱。

图 14 "一刀平五千"金错刀

（2）五铢钱

西汉在长期沿用秦朝半两钱之后，终于汉武帝于元狩五年（公元前118）铸造发行"本朝"的法定货币"五铢钱"。此后，汉武帝又铸"上林三官五铢钱"，该钱的铸造加强了中央集权，最后建立了一套严格的五铢钱制度，第一次全面地完成了中国钱币的标准化，使得货币得到空前的统一。从此，五铢钱制度成为中国古代社会长期推行的一种钱制。

五铢钱上铸有"五铢"二字，重量和钱文一样，大小和半两钱相似，直径介于2.5厘米和2.6厘米之间。因形制精整，大小和重量合适，使用方便，一直流通到唐高祖武德四年（621）为止。作为主流货币总共流通了七百多年，获得"长寿钱"的称号。

值得注意的是，半两钱和五铢钱，货币上标注的文字都是重量。"铢"是汉代的计量单位，1铢为0.65克，5铢的重量应为3.25克，但五铢钱的实际重量通常为4克左右。这表明从青铜铸币开始，直到公元7世纪中叶为止，中国的金属货币依然带有铜块的痕迹，是物物交换习俗的残迹。

"三官"是西汉武帝时期水衡都尉所属三个官署的合称，三个衙署均在名为"上林"的园囿中办公。汉武帝为加强货币的管理，在元鼎四年（公元前113）下令严禁各郡国铸钱，权力收归中央，由"上林三官"主持统一铸造。林三官所铸的五铢钱即"上林三官五铢钱"，也被称作"水衡钱"。

图15 上林三官五铢钱

上林三官五铢钱多为铜范或制作极精细的泥范所造，工艺先进，制作精美，规格整齐，钱文严谨规矩，青铜合金配比合理，物理性能良好。该钱发行后，作为国家统一货币取代了之前郡国所铸之钱。

（3）年号钱

汉以后，经历了三国两晋南北朝，在国家分裂、战争频仍、社会动荡，同时也是民族大融合、文化大发展的年代，货币的铸造发行也相应发生了很多变化。

唐朝建立之后，天下重归一统。新建的国家，百废待举，自然要采取货币统一的举措。唐武德四年（621），决定废除隋五铢钱，效法西汉五铢的严格规范，铸"开元通宝"，拉开了年号钱的序幕。这是自秦汉以来我国货币史上的又一件大事。从此，我国铸币脱离了以重量命名的传统，代之以铸造、发行的年代，意味着中国古代货币进一步远离物物交易，而更体现出"一般等价物"的货币本质，是一种进步的表现。

其实中国古代最早的年号钱，为338年至343年十六国时期汉李寿在成都铸行的"汉兴钱"，而"开元通宝"并非真正的年号钱。史载"开元通宝"四字有两种读法。《旧唐书·食货志上》记载"武德四年七月，废五铢钱，行开元通宝钱。开元钱之文，为给事中欧阳询制词及书，时称其工。

其字含八分及篆体，其词先上后下，次左后右读之。自上及左回环读之，其义亦通，流俗谓之开通元宝钱"。但最终"开元通宝"的读法占据主流地位，理由是"开元"一词，历史上有开国和开辟新纪元之意，能体现出唐朝立国之初包罗万象、奋发进取的精神。从开元通宝之后，年号钱成为唐以及历代货币发行的定制。因唐以后历代铸币均以年号加"通宝"或"元宝"等为名，故年号钱的制度也可称"通宝钱制"。

在开元通宝颁行的同时，唐朝还为货币制度注入了新的内容，即每一文（枚）铜钱的重量为1钱（相当于1枚五铢钱的重量），每十文（钱）重一两。

图17 北宋 大观通宝
宋徽宗赵佶于大观年间所铸

图18 元 至元通宝

图16 唐 开元通宝钱　　　图19 明 永乐通宝　　　图20 清 道光通宝

（4）铁钱

铁钱，即以铁为原料制成的货币。在以青铜铸币为主币的中国历史上，铁钱不是主流，但它断断续续地存在了六百年左右，其作用也不可忽视。铁钱的产生，在不同的时期有不同的原因。汉代产生铁钱的原因是私铸谋利；而宋代是因为铜币无法满足商品市场对货币的需求量；清朝则是因为太平天国革命爆发，滇铜北运受阻，政府发生财政危机，筹措军费困难。宋代就是铜钱与铁钱并用较多的一个时代。宋室南渡后，铜钱铸额大为减少。铁钱流通区继续扩大，铜钱限于东南一隅。嘉定年间铸造的铁钱，作价有"小平""当二""当三"和"当五"，币文名称有"通宝""元宝""之宝""全宝""永宝"等多达二十余种，构成中国钱币史上最复杂的铁钱制度。北宋初年，四川在习惯上使用铁钱。铁钱重而值小，携带不便。然而，正是这种不便，才迫使当地不得不使用纸币，从而促成了世界上最早的纸币——"交子"的诞生。

图 21　北宋　熙宁通宝铁钱

三　贵金属货币

贵金属货币，主要是指黄金和白银，相比之下，铜和铁就成了"贱金属"。金银的优点是材料难得，价格昂贵而且稳定；可任意分割，分割以后也不影响价值；本身不锈蚀、不变质、坚固耐磨，便于储存；量小值大，交易、转让和收藏都很方便。

根据《史记·平准书》《管子·轻重篇》等历史文献记载，商周时期，金银已被用作货币，春秋战国时期，金银货币更加普遍。《管子》说"黄金刀布，民之通货也""黄金者，用之量也"。贵金属是典型的称量货币，战国时期的称量单位，为"斤"和"镒"。1 斤合 16 两，1 镒合 20 两。秦代以镒为称量单位，汉代改为斤，魏晋以后用两。

在商品活动中，贵金属与青铜铸币并行不悖，同等重要。商品交换中，一般民间小额交易，如柴米油盐酱醋茶等，用青铜铸币，即铜钱就足够。但大额交易，如房屋、宅院、田地等则用贵金属交易更加方便。另外，与官方关系密切的项目，如租税、赏赐、进奉等，以及边境互市等国际贸易的结算，则必须使用贵金属。

作为称量货币，原本不重形式，而重成色和分量。但为了使用的方便，也逐渐制作成一定的形状。就目前所知，历代金银货币的主要形式有：春秋战国时楚国的爰金，西汉的马蹄金、麟趾金和金五铢，魏晋至隋的金银铤、金银饼。唐宋以来，白银的货币性逐渐增强，超过了黄金。"铤"是白银最通行的铸造形式，为以后历代所沿用。

元代银铤也叫"银锭"，或省作"银定"。元朝至元年间，银锭又有了"元宝"的名称。明中叶，白银终于获得正式货币地位。银锭成为上下通行的主要货币，因以"两"为单位，故称银两。清代的银两大体上有大锭、中锭、小锭三种铸造形式。

银锭之后，出现了银元。银锭的市场流通并不方便。市场所用的多为零碎的银子，即"碎银"，重量大体在一两以内，基本形状不固定，银两的形状、成色及重量又互有差异，使用时须经称量和鉴色，折成纹银计算，手续非常麻烦。此时，形制规整的银元逐渐成为贵金属货币的主要形式。

明末，外国银元开始流入中国。由于其以枚为单位使用，较银两方便得多，流通区域日益扩大，清朝时已深入内地，各地也开始仿铸银元。清末，光绪十年（1884），吉林机器官局铸成"厂平银元"，开始了中国机制银币制造的历史。

宣统二年（1910），清政府宣布实行银本位制，银改两为元，但因王朝覆灭而未成功。

鉴于银两制度严重阻碍了社会经济的正常发展，国内废两改元的呼声日甚一日。1933年，废两改元制度正式实施，中央造币厂专门铸造银本位制银元，以"元"为单位。以元为单位的银本位制正式确立，是中国近代货币发展史上引人瞩目的重大变化。

楚国的郢金

楚国的郢金（郢，读音：chēng）是中国最早有固定形状的黄金铸币，有板状和饼状两种形制，上面刻印许多方形印记，文字以"郢郢"二字居多，故统称"郢金"。交易支付时须鉴色、切割、称重，属于称量货币。

汉代马蹄金

汉代，以黄金铸造，因外形似马蹄而得名。黄金在汉代货币作用并不突出，主要作赏赐、馈赠等上流社会流通之用，传世极少。2015 年 12 月，江西南昌西汉海昏侯墓出土了马蹄金 48 块，分大小两种，大马蹄金分别刻有"上""中""下"三种文字，意义不详。

图 22　楚国的爯金

元朝至元十四年扬州银铤

银铤为银货币的主要形态，常见形状有圆首束腰、平首束腰和弧首束腰几种。元以后又称银锭、元宝。这件银锭铸造于元朝至元十四年（1277），弧首束腰形，长 141 毫米，重 1921.3 克。正面錾刻有铭文标注其重 50 两。

图 23　汉代马蹄金

"吉林厂平"一两银币

"吉林厂平"银币，是光绪十年（1884）吉林省铸造的我国第一套机铸银币。有五等币值，分别为一两、七钱、半两、三钱、一钱。正面中央以篆书铸有"光绪十年吉林机器局监制"十二字，两侧各有一蛟龙图案，上端铸一圆形"寿"字，与龙图配合，构成双龙戏珠图案，周缘部铸有连珠一道。背面中间铸满汉纪值文字和云纹，周缘部也铸连珠一道。这套银币很可能未获准发行。此币存世甚稀，为中国钱币中的珍稀品。

图 24　元朝　至元十四年扬州银铤

图 25　"吉林厂平"一两银币

四　纸币

纸币是代替金属货币执行流通手段的由国家（或某些地区）发行的强制使用的价值符号。以发行者（国家）的信用为担保。

纸币的制作成本低，更易于保管、携带和运输，避免了铸币在流通中的磨损。我国是世界上最早发行纸币的国家。我国的纸币源于北宋的"交子"。

交子最早出现于北宋初年的四川。宋朝铜钱、铁钱并用，而四川长期使用铁钱，携带十分不便，南宋李攸《宋朝事实》记载"川蜀用铁钱，小钱每重六十五斤，折大钱一贯重十二斤。街市买卖，至三五贯既难携持"。这种困难为商品的大宗贸易造成了极大的麻烦。由此，成都的十六家富商联手建立了交子铺（又称交子户），发行彼此认可的用铜板印刷统一格式的票据，以代替铁钱行使商品交易的支付功能。票据没有固定面额，每一张的面额均由商户根据自己存入交子铺的钱数临时填写，即"书填贯，不限多少"。兑现时，每贯扣下 30 文，作为交子铺的利钱。这种纸质票据即为"交子"。"交子"是四川方言，就是票证、票券的意思，有交合之意，也就是"合券取钱"。

交子有效地解决了携带铁钱交易的种种不便，故而广受欢迎。交子铺开始在多地设立分铺，以便交子能在更大范围流通和兑现。但民间协商而建立的交子铺不能保证长期的稳定。交子的加盟者中，有人家道中落或破产导致交子不能完全兑现，甚至引起纠纷和诉讼，导致信用受到质疑。宋仁宗天圣元年（1023），朝廷将商办交子铺收归国有，改为官办，在益州设立交子务，发行官交子。"官交子"将面额由"填写"改为固定印制，共分十贯、五贯、一贯、五百文等几个等级。券面印有彩色的精美图案以防仿冒作伪。交子的发行也改为三年一"界"，界满以新换旧。后财政紧张，朝廷滥发，导致交子大幅贬值。

交子实际上是介于存折和支票之间的一种信用凭证。因此还算不上严格意义上的纸币，但作为纸币的先驱，意义深远。

交子之后，历代都将发行纸币作为货币政策的一部分，但都没有现代货币那样的信用保证，发行的后期都存在为弥补财政赤字而滥发的现象，这成为了一种规律。

历代纸币发行的情况如下：

南宋绍兴元年（1131），政府于婺州（今浙江金华）发行"关子"。关子初为汇票性质，不久州县改变了关子的用途，关子成为纸币。绍兴三十年户部停用关子，发行"会子"，称为"行在会子"。因其在东南地区流通，又称"东南会子"。会子是宋朝发行量最大的纸币。

金朝发行的主要纸币是"交钞"，于海陵王贞元二年（1154）开始发行。分大钞和小钞，七年一换。金世宗大定二十九年（1189）始，改为无限期流通，交钞进入通货膨胀阶段，至金末，一贯跌到仅值一文钱。自贞祐三年（1215）金灭亡的十余年里，走马灯似的更换了好几种纸币，均因恶性膨胀而成为废纸。以致"万贯唯易一饼"。在古代中国，金末是通货膨胀最严重的时期。

元朝初年各地自行印制会子、交钞等纸币，互不通用。世祖中统元年（1260）发行"中统元宝交钞"，开始在全国范围内实行纯纸币流通制度。

至元二十四年（1287）因中统钞贬值而发行"至元通行宝钞"，两者并行流通，一直到元朝末年。武宗至大二年（1309）曾发行"至大银钞"，行用时间不长。到顺帝至正十一年（1351）海内大乱时，又发行"至正交钞"，实际上是加盖"至正印造元宝交钞"字样的中统钞。元末纸币恶性膨胀，每日印制不可数计，币值猛跌，许多地方只用铜钱，造成纸币流通制度的崩溃。

明朝的纸币，只有"大明通行宝钞"一种，于洪武八年（1375）开始发行。由于数量没有限制，很快贬值，流通范围越来越狭小。严重贬值的宝钞一贯仅值一二文，尽管政府未予明令废除，但已名存实亡。大明宝钞一贯钞是一种尺寸很大的纸币，为历代纸币之最。

清初，唯有顺治八年（1651）至十七年发行过名为"钞贯"的纸币。鉴于金朝因恶性膨胀导致覆灭的教训，清政府对发行纸币一直存有戒心，不敢贸然行事。然而，民间却有纸币流通，名称有"钱票""银票""会票"等，性质与近代银行兑换券相似。

咸丰三年（1853），清政府发行"户部官票"和"大清宝钞"两种纸币。前者以银两为单位，也称"银票"；后者以制钱为单位，又称"钱钞"。发行不久的官票、宝钞因不能兑现而急剧贬值，引起大规模通货膨胀。清代官银钱号遍布各省，发行纸币有银两票、银元票、制钱票、铜元票等种类，有的可以兑现，有的不能兑现，面额、单位多不相同，均按本省的习惯和需要自行决定，流通情况每况愈下。

光绪二十三年（1897）中国通商银行开业后，率先发行银行兑换券，这标志着中国近代新型纸币开始登上历史舞台。之后，多家银行取得发钞权，各自发行纸币。早期的银行一般采取分区发行制，在票面冠以地名，这样，即使同一银行的钞票因地域差异往往价格不等，弊端丛生。

1935年，国民政府实行法币政策，规定中央、中国、交通三银行（后又增加中国农民银行）发行的纸币为法币，并禁止银元流通，从而废止实行仅两年多的银本位制度，采行不兑现纸币流通制度。

金"贞祐宝券"钞版（拓片）

金代金宣宗贞祐三年（1215）发行的纸币。由于当局滥发纸币，"贞祐宝券"发行仅一年，每贯便已贬值到只值几文钱的地步。图为印刷贞祐宝券的钞板的拓片。

图 26　金"贞祐宝券"
钞版拓片

大明通行宝钞一贯

图 27　大明通行宝钞一贯

于洪武七年（1374）发行，分一百文、二百文、三百文、四百文、五百文、一贯文共六等。票面下部方框中文字是："中书省奏准印造大明宝钞与铜钱通行使用，伪造者斩，告捕者赏银二百五十两，仍给犯人财产"。大意为：中书省获上命准许发行大明通行宝钞，与铜钱共同流通。（本宝钞）作伪者判处斩首；有人举报造伪者，可得赏银250两以及被抄没的伪造者的家产。

大明通行宝钞一贯是古钞中票面尺寸最大的也是现今世上所见最大的纸币，宽22厘米，高33.8厘米。

光绪三十年广西官银钱号一元

官银钱号是清代的官方金融组织。道光二十年（1840），首先设立于京师北京。此后在1853年至1908年，全国各地除云南、内蒙古和西藏外，均

图 28　光绪三十年广西官银钱号一元

相继设立了各自的省立官银钱号。各官号创设之初，一般都只在省城设号。

之后，随着经营业务的扩大，陆续采取了总分支联号机构的形式。该纸币发行于光绪三十年（1904），当时已深受西方银行在华发行纸币的影响，票面设计上与现代货币十分相像。

五　机器铸币

数千年来，中国钱币一直采取青铜浇铸的方法制作。清朝末年，随着海外银币的流入以及国内机器工业的发展，用机器制造货币的方法在中国正式诞生。

光绪十年（1884），吉林机器官局铸成"厂平银元"，这是中国机制银币的滥觞，但流通不广。光绪十五年（1889），广东用机器开铸"光绪元宝"七钱三分和七钱二分银元系列，也未能正式发行。第二年，广东重铸"光绪元宝"七钱二分银元，因钱的背面有蟠龙纹图案，俗称"龙洋"。龙洋大量投产后，声誉鹊起，流通地广，各地均有铸造，币面标有铸造省名，并多在本省范围流通。此后，清朝的中央和各地陆续制造发行了多种银元。与此同时，长期使用的青铜铸币也开始了采用机器制造。维持了两千多年的方孔钱制发生了重大变革。

清咸丰以来，朝廷热衷于铸大钱，形成恶性通货膨胀。光绪年间，铜钱已很少铸造。光绪二十六年（1900），广东首先用机器开铸"光绪元宝"铜元，每枚相当制钱十文，百枚当银元一元。由于机器冲压不便穿孔的缘故，铜元的形式与传统的方孔钱不同，因中间无孔，故俗称"铜板"。铜元产生，适应了当时市场流通的需要，深受欢迎，政府也大获其利，于是下令全国铸币。同样也因追逐利益的缘故，各地纷纷响应，大铸铜元的热潮至光绪三十一年（1905）达到鼎盛阶段。

清末至民国初年，中国涌现出很多用机器制造货币的造币厂，属于中央的主要有：①光绪十五年建立的北洋机器局造币厂，该厂在光绪二十六年八国联军之役中被毁；②光绪二十八年（1902）建立的北洋银元铸造厂，该厂可日产铜元数十万枚；③光绪二十九年（1903）建立的铸造银钱总局，引进国外最先进的设备，堪称国内规模最大、设备最精良、技术最先进的造币厂；④1912年建立的中国财政部天津造币总厂，专铸铜元和银元。属于地方的造币厂更多。

机器制造的铜元对当时的货币流通起着一定的推动作用，它形制精巧，轻重大小一致，规格整齐划一，使用方便，逐渐成为与银元并行的辅币，深入民间各个角落。铜元在民间除了被称为"铜板"外，还被称为"铜子儿""铜角子"和"铜钿"。

铜元的历史虽然只有短短的数十年，但为铜钱注入了新的生命，也为灿烂绚丽的钱币文化增添了亮丽的色彩，因此在钱币学中成为独立的分支，与青铜铸币（古钱）、纸币、金银币并称"四大门类"，平分秋色。

由于机制货币的种种优越性，采用铸造工艺制造的方孔圆钱最终退出了流通市场，完成了历史使命。

机制币制造机械

1982年上海川沙出土，它见证了中国机制币的发展历程。

图29　机制币制造机械

"光绪元宝"铜元

"光绪元宝"的钱文保持了青铜铸币的传统，四个字为"光绪元宝"。采用机器冲压的方法制造，形制规整，纹饰精美。尤其是铜元背面的蟠龙纹丰美多姿；周围的云朵、星点扑朔迷离，十分美观。

图30　光绪元宝

"江南甲辰二十文"铜元

江南甲辰二十文铜元，清光绪三十年

（1904）江南省（清代行政区划，即今江苏、安徽）铸造。正面中央铸满文"宝宁"，外环铸"光绪元宝"及珠圈，上缘铸"江南省造"及干支纪年"甲辰"，下缘铸"每元当制钱二十文"；背面中间为龙图，俗称"飞龙"，外环珠圈，上缘铸英文纪地"江南"，下缘铸英文纪值"二十文"，左右两侧各铸一花星。此币存世，据今所知共三枚，极为稀见。

图31 "江南甲辰二十文"铜元

1000℃以上的境界

— 郭青生 —

陶器中蕴含着生活中的智慧、审美，以及各种仪式。距今大约一万二千年前，人类进入定居农业、畜牧业的生活，形成了生活的聚落。人类的经济形态由"利用经济"转入了"生产经济"。生产工具由打制石器转入磨制石器。食物的烹煮和储存的需求导致了陶器的诞生。东亚的陶器使用与定居农业同时发生，西亚则在农业出现之后的数千年，才出现陶器。

一　认识陶、瓷

1.陶瓷的概念

陶、瓷都是黏土在高温下烧制而成的制品，两者有许多共同点，外观上差别也不大。因此，生活中如果没有特别的需要，人们不会刻意地区分陶与瓷。甚至许多博物馆，包括上海博物馆在内也是根据人们的一般认知，将陶和瓷放在同一个展厅对观众展示的。但我们是带着研究的眼光欣赏陶瓷的，因此有必要知道什么是陶，什么是瓷。

一般而言，陶与瓷的差别主要有三点。

第一，原料的成分不同。陶土中氧化铁含量在3％以上，而瓷土在3％以下。第二，烧成温度不同，陶器900℃左右即可烧成，最高不过1000℃；而瓷器则要在1200℃以上才能烧成。第三，器物表面的釉不同。瓷器的釉在高温中烧成，釉厚薄均匀，与胎的结合牢固；而陶器的表面要么不施釉，施釉的话也是低温釉，与胎的结合不牢固，容易脱落。

三者的逻辑关系是：首先，在烧制陶器的过程中人们积累了经验，开始在原料中增加富含氧化铝的材料（尽管当时还没有"氧化铝"的概念）。因氧化铝与硅酸盐可形成"铝硅酸盐"，铝硅酸盐在高温下可生成一种叫"莫来石"的矿物，这种矿物的成分使得瓷器烧结致密并有一定的透明度，不吸水分也不透气，使瓷器变得更加坚硬结实。在纯粹瓷土中，氧化铝（Al_2O_3）成分要占到将近40％。

其次，为了达到高温，即1200℃以上的温度，必须将原料中的氧化铁含量控制在3%以下。顺便提一下氧化铁和黏土的关系。铁是地球上分布最广、数量最多的金属成分之一，其质量约占地壳总质量的5.1%左右，仅次于氧、硅和铝的含量。它以氧化物的形式混合在地球的土壤中。因陶土取自天然的土壤，人们不在其中添加任何化学物质，故陶土中氧化铁的含量自然都比较高，大多在3%以上，有的甚至高达6%乃至10%。铁在烧制中起到降低烧结温度的作用，使得陶器在900℃左右即可烧成。若温度升高到1000℃以上，烧成的器物就会在窑炉中变形甚至整个熔融坍塌。因此从烧制瓷器的角度来看，含铁量高成了阻止温度进一步上升的障碍，为了得到瓷器，人们必须降低它的含量。

还有就是器物表面所施的釉的问题。我们在下面再述。

2. 釉

釉是覆盖在陶瓷，尤其是瓷器表面的玻璃质薄层，其主要化学成分是氧化硅、氧化铝以及氧化钙，与玻璃的成分非常相似，因而具有玻璃般的透光性、光泽和硬度。陶瓷上釉的厚度一般1～2毫米，经过窑火焙烧后，就附着在陶瓷的坯胎上，使陶瓷表面更加致密、不透水、不透气，而且光泽柔和，给人明亮如镜的感觉。釉同时还可以提高陶瓷的使用强度和化学稳定性，起到防止污染、便于清洗、减少腐蚀等作用。

釉在烧成温度上，可分高温釉和低温釉两种。其中高温釉在1250℃以上的温度中烧成，与瓷的烧成温度相一致，因此能够牢固地固化在瓷器上。低温釉则须在釉的原料中添加氧化铅之类降低烧成温度的化学成分，在800～1100℃的温度中烧成，与器表的结合程度不如高温釉。

釉还分透明的和有色的两种。有色的釉称为"颜色釉"，其颜色来自釉中的不同金属元素在不同"烧成气氛"中呈现的色彩。如含有一定数量的铁，釉色在不同的烧成气氛中可以呈现出青色或红色；同理，含有一定数量的铜，釉色可以呈现为红色（因这种红色和铁元素呈现的红色有差异，被称为"铜红"，而铁的红色则被称为"铁红"）。此外，金属中的钴，则可以使釉呈蓝色。釉在尚未上到器物表面之前，看上去犹如泥浆，故被称为"釉浆"。施釉是制作瓷器的一个工艺环节，器物外表的施釉，主要采用蘸釉、浇釉、吹釉、刷釉、洒釉等方法，具体方法根据需要而定。器物的内壁施釉，则多采用荡釉的方法，即把釉浆倒入器坯内部晃荡，使上下左右均匀沾上釉，然后将多余的釉浆倒出。

3. 烧成气氛

烧制陶瓷的窑炉在点火燃烧后，因氧气能否进入、进入多少会形成一个与外界不同的空气环境，陶瓷工艺学将这种空气环境称为"烧成气氛"。

燃烧实际上是一个强氧化过程，若是窑炉中通风不畅，供氧不足，就会有较多的一氧化碳（CO）产生；若供氧充足，就会有剩余的游离氧存在。

现代陶瓷工艺学通常把游离氧含量小于1%、一氧化碳含量在2%～4%的窑炉气氛称为"还原气氛"，游离氧含量为1%～1.5%时称"中性气氛"，游离氧含量4%以上称"氧化气氛"，若达到8%～10%时则称之为"强氧化气氛"。在不同的气氛中，陶坯中所含的铁呈现的颜色不同，氧化气氛中的氧化铁进一步氧化，呈现锈红色；在还原气氛中，氧化铁则呈现出金属铁的灰黑色。

有的参观者误以为新石器时代的灰陶或黑陶是用灰土或黑土做的，红陶则是用红土做的。其实都不是，在明白了窑炉的烧成气氛之后，这种误解也就消除了吧。

4. 细泥陶和夹砂陶

这种区分主要用在新石器时代的陶器上。细泥陶的原材料经过筛选或水池的沉淀，去除杂质，因而质地细腻，这种材料制作的陶器一般也质地细腻，大多用于制作无需加热的食器和水器。

与之相对的是夹砂陶。夹砂陶是指在制作陶器的过程中，有意识地在陶土中添加一定比例的沙粒，以提高陶器耐热急变的性能，使之能在高温焙烧下不变形，更重要的是经得起多次受热不变形、不破碎。这种优良性能的陶土是制作炊器，如陶釜、陶灶、陶鼎、陶鬲、陶甑等最合适的原料。后世用于炊煮陶器的砂锅、煲等，胎中也掺有沙，依然属于夹砂陶的范围。

二　新石器时代陶器

陶器是土与火交融的结晶，也是人类文明划时代的巨大进步。旧石器时代，人类用制作石器的能力摆脱了"动物"的身份，从"南方古猿"变身成"能人"。新石器时代，人类将黏土制作成陶器以满足更高层次的生活需要。陶器并不仅仅改变了黏土的形状，更是一种化学反应，将一种物质改变成了另一种新的物质，因而堪称伟大的"材料革命"。

陶器与定居农业紧密相关。在东亚地区，如中国，陶器出现得很早，甚至早于定居农业生活。在江西仙人洞和湖南道县都发现了分别为 2 万和 1.5 万～1.8 万年前的陶罐碎片，外侧有烧黑的印记，当时，人们尚未进入定居生活，但曾经用陶罐煮过食物（稻米）。这种饮食方法，对陶器的大量使用产生了重大影响。在进入定居生活之后，陶器的使用更加普遍。想想也是，在尚未进入定居农业阶段前，采集和渔猎是获得食物的主要方式，人们在温饱之外基本上没有剩余物资，哪有储存食物的需要；再者，陶器笨重易碎，携带不便，也不适合在迁徙不定的动荡生活中使用。

上海博物馆陶瓷展厅中的新石器时代陶器，分别属于黄河流域的裴李岗文化、马家窑文化、仰韶文化、龙山文化、大汶口文化，以及长江流域的马家浜文化、崧泽文化和良渚文化。这些陶器各有特色。在地理上属于内陆地区的，以彩陶为主；面向海洋地区的，则以素面为主。但无论是哪个地区的陶器，均工艺稳定，技术娴熟，表明中国南北各地的新石器文化已经高度繁荣。

中国新石器时代的彩陶中，最为光彩耀人的当属马家窑文化的作品。

马家窑文化主要分布在黄河上游地区及甘肃、青海境内的洮河、大夏河及湟水流域和凉州的谷水流域一带。在马家窑人生活的年代里，黄河及其支流的滔滔河水，为人们提供了稳定的生活资源。人们的生活与水密切相关。他们的陶器种类丰富，用途明确。饮食器以盆、钵、碗等为主，贮藏器则有瓮、罐、壶、瓶等种类，大型的陶罐尤其引人瞩目。陶胎以砂质和泥质红陶为主，泥质细腻，器表多经磨光，彩绘多用黑彩在泥质红陶或橙黄陶的颈部与上腹部绘成。常见的图案以旋涡纹、水波纹、波浪纹、三角纹和同心圆纹为主。在河水的召唤下，这些图案富有水的流动感，无不体现出黄河之水奔流不息、涡深流急、波涛汹涌的气势。此外还有丰富多彩的网纹、变形的鱼纹和蛙纹，同样也是颜色鲜艳、线条流畅，表明水生动物和土地一样，都是他们的生活来源。从彩陶的纹样和图案的笔触中，可以清晰地看出这些都是用毛笔画成的，毛笔的毫尖似乎还有软硬之分。色彩鲜艳的绘画"颜料"是以铁为主的矿物：红色的是赤铁矿的风化物赭石，主要成分是氧化铁；黑彩的是铁和锰，这表明马家窑人已经认识并熟练地掌握了不同金属元素的呈色规律和控制浓淡变化的配方。马家窑文化彩陶中，体量较大的器物纹饰均画在器物的上方，器物的肩部以下为空白。这说明器物摆放的位置较低，在俯视目力不及的地方毫不犹豫地省略了装饰的工夫。

图1　马家窑文化彩陶涡纹壶

马家窑文化彩陶涡纹壶，重3920克、高40厘米。这件陶壶以各种几何纹样为主要装饰，其中很多用黑色锯齿纹作为镶边，线条流畅，图案繁密，具有原始艺术质朴生动的美感，具有马家窑文化彩陶的典型特征。

黄河中游的仰韶文化也以彩陶著称。这件人面鱼纹彩陶盆由细腻的红陶制成，内壁用黑彩绘出两组对称人面鱼纹。一张稚气的儿童圆脸，两条鱼游向他的耳边，似乎在悄悄讲述他们之间的小秘密。儿童面部所有的装饰都是夸张变形的鱼。这种陶盆出土于陕西西安的半坡遗址，一个距今7000至

5000年前的仰韶文化村落，大多作为儿童瓮棺的棺盖使用，是一种特制的葬具。半坡村的父母和现在的父母一样疼爱孩子，将死去的孩子埋葬在自家的房屋边，而不是像对待成年死者那样埋葬在远离居住区的公共墓地里。人面鱼纹彩陶盆在西安的半坡博物馆和北京的国家博物馆均有收藏。

图2　仰韶文化人面鱼纹彩陶盆

　　半坡村的面积大约五万平方米，在当时是个很大的村庄，人们在这个村庄里前后居住了六百多年。小口尖底瓶也是在这里出土的，属于仰韶文化最典型的陶器。上海博物馆陈列着一件这样的瓶，半坡博物馆因地利之便陈列着当地出土的一组近十件的瓶，所有的瓶都是小口、尖底，但细部各不相同。有的在瓶的肩部一半处或以下部分设有双耳，有的瓶没有双耳。这种瓶的外形看起来并不实用，而且肯定没法安稳地放在地上。最初的研究认为这种设计是用来汲水的，理由是：①双耳可以系绳，便于提拎；②底尖，容易入水；③入水后又因浮力作用自动倾倒横起灌水；④瓶口小，搬运时水不容易溢出。至于双耳在瓶身上的位置，人们认为也是为了瓶体在水的浮力下容易倾倒自动灌水而设计的。瓶身尖底，还可以插入刚熄灭的灰堆或者泥土中，起到保温的作用。在半坡博物馆的广场庭院里矗立着一尊少女用小口尖底瓶汲水的石雕。汲水的人物是女性，表明半坡村当时处于母系氏族社会阶段，女性既是劳动的主力，更是社会的首领。而小口尖底瓶，则昭示着当时人们已经充分掌握了重心的科学原理，并在生活中广泛应用。

图4　半坡博物馆仰韶文化小口尖底瓶一组

图3　上海博物馆仰韶文化小口尖底瓶

图5　半坡博物馆雕像

　　但随着考古出土数量的增加，包括仰韶文化其他遗址出土，人们发现小口尖底瓶并不都与汲水相关，有的甚至与水毫不相干。一番争论后，人们总结出这种瓶有八种以上可能的用途：第一，自动汲水的器物，以物理学者所著的《中国古代物理学史话》为主；第二至第八，分别是背水的器物、灌溉的用具、酿酒的用具、明器和葬具（即用做埋葬死者的陶棺，这一类瓶体量大）、礼器、魂瓶，以及欹器和侑卮。经过实验，也发现并非所有的小口尖底瓶都适用于汲水，有的瓶横在水中灌不了水，有的灌水之后绳子不能将瓶垂直提来。但主张小口尖底瓶是汲水器的人不甘心，他们在改进了绳子的系法之后，顺利将瓶垂直提了起来。这是一种有意义的争论，看来一种器物并非只有一种

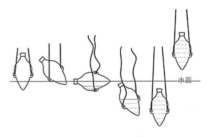

图6　小口尖底瓶打水的原理图

图 7　大汶口文化黑陶镂空
高柄杯

功能，考古学的研究也不能光凭肉眼的观察和
逻辑的推理，实验也是十分重要的方法。

比起色彩绚烂的彩陶，表面很少有装饰花
纹的素面陶同样也精美绝伦，它们更加讲究器
物的造型之美。这件大汶口文化的酒杯，博物
馆根据它的造型和装饰特点，将其命名为"黑
陶镂空高柄杯"。镂空的高柄自然是这件杯子装
饰的最大特点，透过杯柄上排列整齐的七条联
珠状镂孔，可以看到杯柄是空心的，柄两端细，
腰部向外鼓出，到底部时向外扩展成圆形的圈
足。高柄使杯子变高，整个杯子的高度达 21.75
厘米，远远高出一般饮酒或饮水的器物。因此
推测有可能是祭祀用具。杯子造型严谨规整，
朴素大方，器壁薄似蛋壳，表面乌黑发亮，显
然是经过精心的打磨制成。

大汶口文化地处黄河下游地区，主要分布在山东和江苏北部，以及安徽
北部和河南的邻近地区，距今 6300 到 4500 年。从考古研究中得知，大汶口
人早期偏爱红陶，到了晚期也爱上了灰陶和黑陶。比起早期来，陶器更加细
腻而精致，表面大多素面磨光，纹饰不用色彩，以刻划的弦纹、篮纹为主。
"黑陶镂空高柄杯"属于大汶口文化晚期黑陶制作工艺高度成熟时期的作品，
这类器物的器壁很薄，工艺要求很高，为以后龙山文化的"蛋壳陶"工艺的
产生奠定了基础。

山东龙山文化崇尚灰、黑色的陶器，尤其以蛋壳黑陶闻名于世。与此
同时，他们陶器的造型艺术也同样非常出色。

相信这件龙山文化红陶鬶一定能够使人过目不忘。鬶，是古人对远古
时代有三只空心足的炊、饮两用器具的称呼。《说文解字》段玉裁注"（鬶）
三足釜也，有柄可持，有喙可写物"就是对这种器物的描述，其文中的

"写"，古代与"泻"字相同，"写物"也就是"泻物"。

图 8　龙山文化红陶鬶

这件鬶造型奇诡，似乎是飞鸟经过夸张变形、抽象处理之后的形状。鸟形器物跟沿海地区的东夷人以及远古东方先民的鸟崇拜紧密相关。鬶的前部有个高昂的头，形似鸟昂起的嘴。鋬手呈麻绳状，既美观又方便持握。三个空心的足，敦厚沉稳。口沿下及鋬手上端装饰着突出的乳钉纹。颈、足衔接处装饰凸弦纹。器表打磨光亮，上面有红黑两色的装饰纹样。这种空心的足又称为"袋足"，也是陶器和商周青铜器中"鬲"足的基本造型，这种形状特别有利于器物里面液体的加热。不过这类空心的足太矮，不足以撑起器物，实在不方便用火炊煮，由此推断这种"炊煮"大概是特殊场合中的一种仪式吧。

图 9　崧泽文化红陶盆形鼎

鼎，也是新石器时代陶器中常见的器物。这件红陶制作的盆形鼎出自崧泽文化。崧泽文化主要分布在长江下游太湖流域，距今约 6000 到 5300 年。

新石器时代的陶鼎应当是从陶釜（炊煮用的锅）发展而来的，陶釜下面垫的三块石头逐渐改造成与釜体相连的三条陶腿，鼎的造型也就完成了。这件鼎的造型规整，显得厚重，沉稳而端庄。三足的横截面均为"L"形，不仅看上去干练美观，而且从力学的角度分析，是利用了增加横断面力矩的原理，有效地提高了抗弯（即不易断裂）能力，因而更加牢固。细看陶质的话，可以看出这件用作炊器的鼎，是用夹砂的陶土制成的。

良渚文化（距今约 5300—4300 年）继承了崧泽文化，将长江流域新石器文化发展到了最辉煌的阶段。良渚文化也有明显的鸟崇拜取向。这件

图 10　黑陶细刻纹阔把壶　　　　　　图 11　鸬鹚，即鱼鹰

"黑陶细刻纹阔把壶"是 1983 年在上海青浦福泉山良渚文化墓葬出土的。流部扁平向上伸出，壶的把手宽扁，与长流相互呼应，像极了一只阔嘴的水鸟。环形宽把不仅像卷曲的鸟尾，灵巧活泼，更使陶壶具有很强的稳定感。在陶器上加上翘的流口和环形阔把是良渚文化的主要特征之一。

三　瓷器的诞生

人总是在不断追求美好的生活。为了得到更加结实耐用同时也更加美观的器物，人们对制陶技术的改进从来没有停止过。至迟在夏代，出现了白陶，这是一种新的陶制品，在黄河中下游的不少地区出土了白陶的残片。到了商代，尤其是商代晚期，遗址中出现的白陶器残片更多，表明这种陶器受到了更多人的追捧。白陶的胎质细腻，颜色白，含铁量低于 3%，成分已接近瓷土。与此相关的是白陶的烧成

图 12　商代白陶刻纹尊

温度也比一般陶器更高，达到1000℃至1150℃之间，因此具备了某些瓷器的特征，可以视为陶向瓷过渡阶段的一种产品。白陶的烧造为瓷器的烧制拉开了序幕。

比起各地出土的白陶残件，上博收藏的这件商代白陶刻纹尊更加弥足珍贵，堪称同类出土器物中的翘楚。这件尊的口沿虽已残缺，但其余部分基本完整，可以看出它的造型与青铜尊基本相似。这件尊的上腹部装饰着锯齿状附加带条纹，以及夔纹和兽面纹，下腹部布满双勾纹和云雷纹，纹饰与商代青铜器也非常相近，就像青铜尊的表兄弟，显得美观而庄重。

图13 西周印纹硬陶罍

除了白陶以外，印纹硬陶也是瓷器的先驱，虽然它们的色彩并不美观。印纹硬陶以器表装饰拍印出的几何形图案而得名，比一般的陶器坚硬，烧成的温度也比一般的陶器高，敲击时可发出清脆的铿锵之音。由于含铁量比较高，所以颜色较深，多为紫褐色、红褐色、灰褐色和黄褐色。少数印纹陶的器表蒙着一层在高温熔化下形成的光泽，类似瓷器的釉。印纹硬陶出现的时间不晚于商代，西周则是兴盛时期，南方长江中下游地区的人们更是普遍使用。印纹硬陶的特点，在上博展厅里的这件出土自上海青浦的"西周印纹硬陶罍"上可以清晰地看到。

原始瓷器在商代前期终于登场，在西周和春秋战国时期进一步发展。从各地出土的商周瓷器来看，此时的器物已基本具备了瓷器的各种要素，但质量远不如后代的瓷器且具有一定的原始性，故称"原始瓷器"。

原始瓷器一般用含铁量在3%以下的瓷土成型，器表上釉，用1200℃左右的高温烧成。由于原始青瓷的主要生产地是江南地区，而江南的黏土含铁量较高，又因烧成气氛为氧化焰，所以瓷器的釉大多呈青中偏黄的颜色或黄褐色。

　　制作坯体的工艺此时也都由手制发展成了轮制，因此形状规整。原始瓷器，虽然被现代的我们冠之以"原始"二字，但在当时是全新的产品，而且制作成本不高，器物表面还上了釉，光洁明亮、便于洗涤，因此深受当时人们的喜爱，大多被制成碗、盆一类直接接触食物的餐具。

　　成熟的瓷器出现在公元 1 世纪前后的东汉，保守一点的看法应当是东汉晚期。汉末到魏晋南北朝的数百年间，中原逐鹿，北方战争频繁，但偏安一隅的南方相对安定，经济平稳，因此瓷器的主要产地依然在南方，青瓷也依然是瓷器的一统天下，但质量已经显著提高。东汉的青瓷胎料纯净，烧结充分，通体施釉，釉色青翠透明。浙江上虞绍兴等地的古越窑、温州地区的瓯窑以及金华地区的婺州窑都是当时瓷器的主要产地。

　　北魏统一北方之后，社会逐渐稳定，经济慢慢复苏，北方的制瓷业也逐渐发展起来。北魏晚期从南方传入了青瓷生产工艺。大约在北齐时期，北方出现了白瓷，白瓷是在青瓷的基础上发展起来的，关键工艺是减少了瓷器胎和釉中氧化铁的含量。发展到隋代，白瓷的工艺已经基本成熟。初步奠定了唐代中国制瓷业"南青北白"，即南方以青瓷为主、北方以白瓷为主的局面。

　　现在我们可以好好观赏展厅里这个阶段的瓷器了。

商代青釉弦纹尊

　　这件尊为大敞口，长颈向内收，腹部略向外鼓，圈足，器型柔和，周边凸起折棱，颈部装饰着数周平行暗刻纹，通体上了一层薄薄的青釉，涂釉均匀，敲击时声音清脆。这件尊具有明显的商代特征，是商代原始瓷的典型器物。原始瓷胎质含铁量一般在 3％ 以下，烧成温度在 1200℃ 左右，器表施釉。

图 14　商代青釉弦纹尊

图15　战国青釉弦纹把杯

战国青釉弦纹把杯

这种造型的杯是战国时期人们喜爱并流行的风格。杯身为上小下大的直筒形，折肩、短颈、口向内收，平底，下有三枚小短足。杯把的造型为粗壮扁平的"乙"字形，上端外向突出，上端借助一小横梁搭于杯肩下，衔接精巧，轮廓的曲弧适度，富有设计感，实用而美观。杯身饰凹凸的细弦纹，增添了杯子的精致和立体感。底部的三足也使杯子在稳定中蕴藏着一种灵活的韵味。杯子通体施青釉，釉层均匀，但年深日久有剥落的现象，釉和胎的结合不如成熟的瓷器那样紧密。

西晋青釉虎子

因其形状酷似张大嘴的虎崽而得名。大张的"虎口"上部装饰着虎头的浅浮雕，以表明这是一只虎。背有绳纹提梁，圆腹，腹部用线刻画出四条腿的轮廓，与腹下的四足相连。造型生动，似乎凝固住了虎仰天咆哮的一个瞬间。这种类型的器物东汉时出现，六朝时墓葬中更加常见，均为青釉。虎子的用途有两说，一说是溺器，即便壶；一说是水器，用于盛水。但根据古代文献的记载，用作溺器的可能性更大。《周礼·天官·玉府》中有"掌王之燕衣服，衽、席、牀、第，凡亵器"的句子，汉郑玄注为："亵器，清器、虎子之属。"孙诒让"正义"中进一步指出："虎子，盛溺器，亦汉时俗语"。表明在西周或郑玄生活的汉代，虎子是便器。唐代诗人陆龟蒙《奉酬袭美苦雨见寄》诗中有"唾壶

图16　西晋青釉虎子

虎子尽能执，舐痔折枝无所辞"的诗句，是讽刺某些阿谀奉承之辈，连唾壶和虎子都能毫无愧色地为权势者捧着，比喻这种人什么卑劣行为都做得出来，也间接地说明虎子属于不洁之器中的便器。

像虎子这样以动物的形象装饰瓷器，甚至将整个瓷器做成动物形状，如卧羊、蛙形等，是魏晋时期南方地区瓷器流行的一种风尚。

东晋青釉鸡首壶

鸡首壶因壶嘴作鸡首的形状而得名。壶的基本造型是：腹部丰满圆润，上部为盘形壶口前部为鸡首形的壶嘴，肩部有双系可穿绳提拎，后部为曲形把手。鸡首壶是西晋至唐流行的一种瓷壶。由于使用的年代较长，在不同时期造型就略有变化。西晋时器形较小，壶前部的鸡首，小而无颈。壶嘴有的可通，有的是实心的装饰。东晋时，其主体也是圆腹盘口，主体不变，但鸡首下有短颈，喙由尖变圆，冠加高，鸡尾消

图17　东晋青釉鸡首壶

失，柄的上端高于口沿，肩带桥形方系。从南朝至唐，总的变化趋势是壶身整体加高，鸡颈加长，鸡首形态更加生动。上海博物馆陈列的这一件鸡首壶属东晋，鸡首有颈，曲形把手与盘形壶口相连，是东晋流行的基本造型。釉色青中泛黄，釉层薄而均匀。

唐越窑海棠式碗

越窑主要分布在浙江的上虞、慈溪、余姚和宁波等地。晚唐时越窑进入繁荣期，窑场增多，产品的数量和质量都有明显提高。这只出自越窑的碗，器形规整，丰满硕大，碗口作四棱海棠式，宛如花儿正在盛开。

图 18　唐越窑海棠式碗

胎质细腻，釉色匀润，青中闪黄，润泽如玉。

从浙江慈溪上林湖唐代越窑窑址出土情况来看，海棠式碗在当时烧造量不低。但无论是出土还是传世，都只见体量较小的一类，像这样的大碗未曾发现，可见这种海棠大碗烧造不多。

四　唐三彩

唐三彩是唐代三彩陶器的简称。主要的釉色为深绿、浅绿、翠绿、蓝、黄、白、赭、褐等，所谓"三彩"即是多彩的意思。

唐三彩是一种低温釉陶器，它以白色黏土作胎，用含铜、铁、钴、锰等金属元素的矿物作釉料的呈色剂，同时在釉里加入很多含铅成分的助熔剂，以降低烧成温度，大约在800℃即可烧成。铅的成分还有一个作用，就是使釉面光亮度增强，使色彩更加绚丽。在器物烧制的过程中，釉中的各种呈色金属氧化物在铅釉中熔化，并向四方流动扩散，各种颜色互相浸润，形成斑驳灿烂的色彩。

唐三彩是服务于彼岸世界的一种陶瓷，主要作用是随葬。唐代盛行厚葬，典章制度中明文规定，官员死后应按等级随葬相应数量的明器。

唐三彩的使用开始于唐高宗时期，开元年间是它的极盛时期。这一时期产量大，质量高，色彩绚丽。天宝以后逐渐减少。流行的地区主要是唐都长安、东都洛阳和江苏扬州，在山西和甘肃也有少量使用。

中国传统文化历来"视死如生"，重视死者陪葬物品的配备。作为随葬器物的唐三彩，其主要品种就与逝者生前生活紧密相关，建筑、家具、牲畜和人物等等无不具备，且仿制逼真。牲畜主要有马俑和骆驼俑。人物则有贵妇俑、男女侍俑、文官俑、武士俑、胡俑和佛教中的天王俑，还有牵马、牵骆驼的俑以及骑马、骑骆驼的俑等。

唐三彩的人物根据社会地位和等级刻画，形神兼备。如贵妇和仕女面部圆润丰满，表情慵懒，梳着各式流行的发型，身上穿着的是彩缬服饰，大多窄袖近似男装；文官彬彬有礼，站姿笔直，目不斜视；武士则勇猛刚劲，威风凛凛；胡俑高鼻深目，头戴尖顶毡帽，显得风尘仆仆；天王则怒目圆睁，威严而不狰狞，有的足踏小鬼，辟邪保民；动物方面以马和骆驼的造型最为出色。

作为北部与强大的游牧民族接壤的中原农业民族，马的管理从汉朝起就是历代朝廷的重务，因为骑兵所乘用的战马质量直接决定军队的整个战力，影响国家的兴亡。唐朝疆域辽阔，马政的建设规模更是空前庞大。研究表明，唐代的良马主要来自撒马尔罕地区，属大宛国马种。史料作为大事记载，618 至 626 年间，西域的康国向唐朝献马 4000 匹。撒马尔罕良马的输入有力地解决了唐初缺马的困难，也改良了中国西北地区的马种，提升了唐军的战斗力。唐三彩中的马，头部瘦削，胸部宽阔，体格健壮，神采飞扬，颇具大宛良马的风采。

骆驼的造型也毫不逊色。骆驼是沙漠之舟，它们坚毅负重，驼着沉重的丝绸等物品，一步一个脚印，将中国和西方连接起来，为东西方的经济文化交流，立下了不朽的历史功绩。因而在唐人的心目中，它们也占有重要的一席之地。

唐彩绘彩色釉骑马女俑

这件彩色釉陶马，造型准确，形象生动，写实逼真。

马的头部略小，脖颈粗壮强健，眼睛炯炯有神，臀部精壮浑圆，腿胫细长。马

图 19　唐彩绘彩色釉陶骑马女俑

的毛色雪白，马鬃梳剪整齐，马尾挽成一个小髻，鞍勒装饰更极尽豪华。头微微靠左，富有动感，神形兼备。马上的女骑手，面戴纱巾，身穿窄袖服，神采奕奕，反映了唐代女性个性独立，男尊女卑并不严重的时代特征。整件作品色彩丰富，工艺精湛，代表了唐三彩制作的高度水准。

如仔细观察，可发现人物脸部彩绘是后画上去的。这是因为釉在烧制过程中的流动导致不同色彩之间相互浸润，会造成脸部轮廓不清。后画脸部是弥补缺陷的一种做法。

女性胡俑和骆驼俑

这原本是两件独立的作品，合放成一组，是上海博物馆布展时的有意为之，其实这也是丝绸之路上常见的景象。

图 20　女性胡俑与骆驼俑

这头骆驼姿态挺拔，精神抖擞，正在仰头嘶鸣。骑在骆驼上的胡商，头戴游牧民族习见的尖顶帽子，似乎远道而来；骆驼前的女性胡俑，好像是胡商的伙伴，他们都挥动着右臂似乎正在相互鼓励。在唐人眼中，长安、洛阳的西域女性并不陌生。有关胡姬卖酒女郎的诗句很多。李白诗也有描写卖酒胡姬的句子："胡姬招素手，延客醉金樽""细雨春风花落时，挥鞭直就胡姬饮"。

五　五大名窑

看看《清明上河图》便可知道，宋代是中国历史上商品经济、文化教育、科学创新高度繁荣的时代，当然也是陶瓷史上创造奇迹的时代，为陶瓷美学开辟了一个新天地。在两宋的三百年间，瓷器的胎和釉本身的美达到了极致，余晖一直延续到元。当时瓷窑遍及南北各地，名窑辈出。其中，以定、汝、官、哥、钧五大名窑最为著名。同时，耀州窑、磁州窑、景德镇窑、龙泉窑、建窑、吉州窑等的产品也各具特色。宋代瓷器品种繁多，除青、白两大瓷系外，黑釉、青白釉和彩绘瓷也获得迅速发展。

宋人并没有评定当时的"五大名窑"。就目前所知，"五大名窑"的提法最早出现在明代。明朝皇室收藏目录《宣德鼎彝谱》中记载："内库所藏汝、官、哥、钧、定名窑器皿，款式典雅者，写图进呈"。清代许之衡的《饮流斋说瓷》中也说："吾华制瓷可分三大时期：曰宋，曰明，曰清。宋最有名之有五，所谓柴、汝、官、哥、定是也。更有钧窑，亦甚可贵。"由于柴窑至今未发现窑址，又无实物，因此人们通常将钧窑列入，与汝、官、哥、定并称为宋代五大名窑。此说得到收藏家和研究者的普遍认可。

1. 定窑

定窑的窑址在今河北曲阳涧磁村及东西燕山村等地，因古属定州而得名。定窑的产品以白瓷为主，从唐代开始烧造，北宋时进入了成熟期，成为宋代的白瓷之冠。所产白瓷胎质细腻，釉色呈白中微闪黄的"象牙白"，釉面极少有开片。器物表面的装饰以不着色的刻花、划花以及用模具的印花见长，常见的图案有花卉、龙凤、动物禽鸟等。北宋后期，定窑开创了覆烧的新工艺。所谓"覆烧"是指将器坯口沿朝下（而非通常的向上）放入匣钵入窑烧造。采用覆烧工艺有两个目的：第一，使碗、盘等生活用品包括底足通体覆釉，增加美观度和手感的光滑；第二，装入匣钵烧制时可采用"叠烧"的方法以节约窑位。但叠烧的最大缺点是造成了器物的"芒口"（即口沿无釉）而不受欢迎。为此，定窑再次革新技术，在器物的口沿包镶金、银、铜等金属"包边"。

定窑器在五代时已为官府定烧，器上有"官""新官"等题铭，器物以盘、碗、瓶、枕等日用品为多。定窑是宋代五大名窑中唯一烧造白瓷的窑场。不过，定窑也同时烧造黑釉、酱釉、绿釉等瓷器。

金定窑白釉印花云龙纹盘

产自定窑，年代上属于与南宋同时的北方的金朝。这件盘的釉色白中泛黄，略带粉质感，整体、连同圈足满釉，为覆烧器。口沿包镶银边。这件盘的内壁用模印有云龙。图案中云气缭绕，龙身屈曲腾越于云雾之中，龙鳞宛然，须发临风，神韵飘逸。这件盘工艺精湛，当为宫廷御用之器。

图 21　金定窑白釉印花云龙纹盘

定窑的烧法

"叠烧"是指多件器坯以物隔开，以较小的间隙叠在一起装烧。定窑使用的是"支圈叠烧法"，具体方法如图所示。

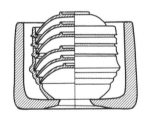

图 22　定窑覆烧示意图

2. 汝窑

汝窑的窑址发现于河南宝丰县清凉寺村附近，因当地在宋代属汝州而得名。汝窑实际上是宋代五大名窑之首，以烧造青瓷而著名。据文献考证，汝窑的青瓷是北宋晚期宫廷指定烧造的御用瓷器，但烧造年代极短，大约开始于宋徽宗的崇宁、大观年间，而在靖康年间终止，因此传世器物不足百件。又因其工艺精湛，所以非常珍贵。汝窑的特点是胎质细腻，颜色呈青灰色，似香烧过的灰烬，又像"雨过天青云破处"的天色。

据南宋《清波杂志》记载，汝窑的釉中含有玛瑙，因而尤为珍贵。其实，玛瑙的主要成分为二氧化硅，含有铁等着色元素，对汝窑的特殊色泽可能有作用。汝窑和定窑相似，也是通体上釉的瓷器，所不同的是汝窑采用器坯底部放置圆锥支柱的方法，即把坯体撑起烧造。烧成后将底部的支柱折断，这样，在底部就形成了小如芝麻的痕迹，形成了汝窑又一鲜明的特征——"芝麻钉"。汝窑器物除少数属仿古陈设瓷如尊、瓶之外，主要是碗、盘、盆、碟、洗等形制，以小型器居多，古朴雅致。

北宋汝窑盘

上海博物馆收藏的"北宋汝窑盘"底部的"芝麻钉"清晰可见。

图 23　北宋汝窑盘

北宋汝窑天青釉弦纹三足樽

故宫博物院收藏的汝窑天青釉弦纹三足樽，是存世不多的汝窑精品。

这件樽直壁，器口略大。平底，外壁装饰着三处非常简洁的凸起弦纹，底部承以三足。底有五个细小支烧钉痕。里外满施淡天青色釉，釉面开细碎纹片。釉色莹润光洁，浓淡对比自然。其造型仿汉代铜樽，为陈设用品。

图 24　北宋汝窑天青釉弦纹三足樽

3. 官窑

官窑是宋朝宫廷所设的瓷窑，制品仅供宫廷内部使用。北宋官窑设立于宋徽宗时期，历史很短，窑址没有发现，一般认为应该在宫廷的所在地汴梁，即今天的开封。南宋官窑是高宗南渡后在临安（今杭州）设立的，分别为修内司官窑和郊坛下官窑。修内司是宋朝的官署，主掌宫殿、太庙修缮以及将作监。修内司下属的官窑在杭州的凤凰山老虎洞，沿袭旧制仿烧，称"修内司官窑"。后又于郊坛另设新窑，称"郊坛下官窑"或"郊坛官窑"，窑址位于杭州的乌龟山。郊坛下官窑的器物特征是胎多为赭黑色，胎质细腻。产品主要分两类，一为厚胎薄釉，釉色为灰青色，有常见的细小开片；另一为薄胎厚釉，釉色多作粉青，因器物口沿、釉薄而器足无釉，显露胎色，故呈"紫口铁足"的特征，釉的表面一般有大或小的开片。

官窑器形制规范，有碗、洗、盘等日用瓷和瓶、仿古铜玉器等陈设瓷。

图 25　南宋官窑贯耳瓶

南宋官窑贯耳瓶

这件南宋官窑的贯耳瓶，是 1952 年在上海市青浦县任氏墓出土的。器呈直口，长颈，鼓腹，圈足，口部有对称管状双耳。外壁施青釉，釉色呈青灰色，釉面开有片纹。口面和圈足显现出官窑特有的"紫口铁足"的特征。这件器物属南宋官窑的产品，造型古朴典雅，胎薄体轻，胎质精细，釉质肥厚光润，细腻平滑，釉面素朴无饰，以釉色取胜，是官窑中的珍品。

4. 哥窑

哥窑盛烧于南宋到元代。哥窑器的胎多紫黑色、铁黑色，也有黄褐色。釉为不透明的乳浊釉，釉色以炒米黄、灰青多见，通体满布大小开片，其中大开片纹理为黑色，小开片的纹理为黄色，犹如铁线金丝，纵横交织。

这是哥窑器最显著的特征。哥窑的第二个特征是哥窑的釉在口部较薄，因此颜色发紫；器底露胎，故足部颜色发黑，被称为紫口铁足。因此，人们用"紫口铁足"和"金丝铁线"来形容哥窑器的美。哥窑的类型有各式瓶、炉、尊、洗以及碗、盆、碟等。

哥窑器开片形成的主要成因是坯和釉的膨胀系数不同，高温焙烧后冷却时釉层收缩率大于坯体导致裂纹出现。开裂原本是瓷器烧制中的缺陷，但因势利导的加工之后反而变成了瓷器的亮点。

哥窑的窑址何在，历来为人们所关心。明代有人认为在浙江龙泉，和龙泉窑有着血脉的联系。如《七修类稿续编》说："哥窑与龙泉窑皆出处州龙泉县，南宋时有章生一、生二兄弟各主一窑，生一所陶者为哥窑，以兄故也，生二所陶者为龙泉，以地名也。"因为哥窑的窑址始终未被发现，因此哥窑又被称为"传世哥窑"。

南宋哥窑五足洗

上海博物馆收藏的这件"南宋哥窑五足洗"，具有典型的哥窑瓷器特征。

洗是一种文房用具。这件器物为圆唇，直腹，平底。口沿饰乳钉五枚，下承五个如意形扁足，器底部的五足内还有一圈不着地的圈足。内心有六

图 26　南宋哥窑五足洗

个支钉痕。胎厚釉润，釉呈米黄色，釉面密布大小开片，"金丝铁线"蜿蜒曲折，纵横交错。整件器物制作规整，造型端庄典雅。

5. 钧窑

钧窑在今河南禹县，因古属钧州而得名。钧窑创烧于北宋晚期，一度为北宋的宫廷烧造瓷器，金、元时继续生产。钧窑器一般较厚重，胎色灰白浅黄，底刷酱釉，其釉色主要是利用铁、铜呈色的不同特点，在高温下烧出天青、月白、天蓝、海棠红和玫瑰紫等颜色，而且具有乳浊不透明感。高温铜红釉器是钧窑的主要产品，这种釉以铜为着色剂，在还原气氛中烧出红色。颜色变化无常，被称为"窑变"。钧窑的红色为明、清景德镇的鲜红釉器物的烧制奠定了基础。有的钧窑瓷器釉面上有蜿蜒曲折的一条或数条粗线纹路，纹路颜色与质地釉色不同，像蚯蚓在泥地上爬过的痕迹纹路，被称为"蚯蚓走泥纹"。器物形制主要是陈设瓷，有盆、托、尊、瓶、炉等，还有碗、盘、枕等日用瓷。部分进贡宫廷的器物底部往往刻有一至十的编号。元代钧窑扩大了生产，钧瓷烧造量大增，大件器增多，胎质粗松，盘、碗多施半釉。

图 27　钧窑月白釉出戟尊

钧窑月白釉出戟尊

这件尊是钧窑中月白釉的典型器物。

这件尊仿古代青铜器而造。广口，高圈足，胎体厚重，胎质坚密，内外施月白色釉，釉色匀净，肥厚玉润，有的部位有蚯蚓走泥纹的流动状线条。器物的颈部、腹部和足部四面各有 1 个长方形的出戟，合计 12 个。足内近底部刻"五"字编号，应是北徽宗时的宫廷用器。

在五大名窑之外，宋代的瓷器生产都很繁荣，著名的窑系还有浙江的龙泉窑、陕西的耀州窑和福建的建窑等。

龙泉窑，按明《七修类稿续编》所记当为传说中章生二主持的"弟窑"了，当然此说未经考古证实。龙泉窑创烧于北宋早期，南宋晚期达到极盛，此时的"龙泉青瓷"是青瓷工艺的历史高峰，其粉青釉和梅子青釉柔和淡雅，犹如青玉，是青釉中的极品。

南宋龙泉窑的三足炉

这件三足炉釉层肥厚，是经过多次上釉加工而成的。釉呈梅子青色，色泽青淳滋润，极富玉的质感，肩腹及足部起棱，釉薄处略呈白色，增添了器物的立体感。这种效果在上釉的过程中自然天成，俗称"出筋"。器物的造型端庄古朴，色泽典雅，纹饰简洁，给人一种温润如玉的感觉，充分体现出南宋龙泉窑高超的制瓷技艺。

耀州窑在今陕西铜川黄堡镇，因古属耀州而得名。耀州窑自唐代已开始生产黑瓷、白瓷、青瓷，还生产彩色釉陶。北宋至金代，耀州窑主要烧造瓷胎青灰色、釉色呈青黄色、俗称"橄榄绿"的瓷器，釉面莹润透明，器表刻花或印花，尤以刻花成就为最高，位居宋代刻花装饰技术之首。产品主要供应民间市场，也曾进贡给北宋的宫廷。

图 28　南宋龙泉窑三足炉

耀州窑青釉刻花牡丹纹瓶

这件瓶为耀州窑的经典之作。瓶的造型是典型的宋代梅瓶样式。通体施青釉，釉色青中带黄，釉层均匀，釉下刻花卉纹图案。主体纹饰为牡丹。

牡丹花象征富贵，是人们普遍喜爱、雅俗共赏的花卉。这件瓶的刻花工艺是耀州窑的经典体现，即刻花刀法简洁干脆，刀斜着浅浅地切入瓶体，然后沿着轮廓线条立着刻下，剔除多余的胎泥，花卉的立体感随着流畅的刀法而行，逐渐布满瓶身。

图 29　耀州窑青釉刻花牡丹纹瓶

这件瓶造型庄重，器型规整，体高达48厘米，无论是工艺还是体量，均为宋金耀州窑之冠。

建窑主要分布在今福建建阳。建窑的瓷器胎土含铁量高，器物的表里均施釉，釉色黝黑。所产的黑色瓷器以兔毫盏而闻名。所谓"兔毫"，是指黑釉上透出黄棕色或铁锈色的细长条状犹如兔毛的一种结晶装饰。在建窑的周边地区，跟"兔毫盏"结晶釉相似的黑釉瓷器，还有"油滴釉""鹧鸪斑""玳瑁盏"等，都是根据花纹的形状而得名的。流散到日本去的宋代"玳瑁盏"茶盏，成了国宝级的文化遗产，深受日本人的推崇，成为许多陶艺大师模仿的对象，并在此基础上发展出日本的"天目釉"。

黑釉瓷器，尤其是茶盏的盛行，与宋朝人饮茶的风习相关。中国饮茶习惯源远流长，茶至宋代已成为家家户户的日用饮料，尤其是文人雅士的标配。宋人流行喝抹茶，即碾成细末的茶。好茶的标准是茶叶研碾细腻，泡茶过程中，点茶、点汤、击拂各个步骤恰到好处，茶的汤花匀细，能"紧咬"盏沿，久聚不散。而黑色的茶盏，最能看出茶的质量和饮茶人的品位，宋人还盛行"斗茶"比赛，彼此夸耀，更刺激了黑釉瓷器的大量生产。

宋建窑黑釉兔毫盏

这件建窑出产的兔毫盏大口小足，是当时流行的茶具造型，也是标准的斗茶器具。茶盏釉面上析出的茶褐色结晶就是"兔毫纹"。这件器物口缘处釉层较薄，周边呈红褐色，兔毫与红褐、黑地交相辉映，自然拙朴。这种造型和釉色，最能有效地衬托茶的浓郁清香和恰到好处的白沫，深受宋人喜爱。

图30　宋建窑黑釉兔毫盏

六　瓷都景德镇

景德镇位于江西东北部，建镇历史悠久，唐天宝年后改名"浮梁"，宋真宗景德元年（1004），以皇帝年号"景德"赐名该地，设景德镇，由此拉开了这一名镇的新历史。

景德镇最初因所产的青白瓷质地优良而闻名，但真正作为中国的瓷都而闻名天下则是从元代才开始的。

元统一天下，结束了宋、金、夏三方对峙的长期分裂局面。战争停止，国内市场统一，有利于市场的繁荣。元朝在与南宋的交战中建立了庞大的海上力量，灭宋之后，除了继续保持西北方向的陆上交通之外，也非常重视海外贸易，因而海禁松弛，官营和私营的海外贸易非常繁荣。元朝还对官匠实施了一项免除业外一切差科、准许世袭的政策，为手工业的发展提供了宽松有利的条件。陶瓷与民生的关系最为密切，生活中的锅碗瓢盆更是须臾不可缺位，因此各地的陶瓷生产也继承了宋代的余绪继续发展，有的还达到了历史的顶峰。景德镇更是受到了元政府的高度重视，朝廷专门设置了"浮梁瓷局"来掌管这里的瓷器生产。

在元政府的经营下，景德镇不断创新，开始逐步领先于其他各地的瓷窑。先是制胎原料的革新，采用瓷石加高岭土的"二元配方法"提高了瓷器烧成温度，提升了瓷器的质量；然后是青花、釉里红的研制成功，尤其是青花成为日后主打产品，为景德镇的繁荣打下了基础。

进入明代，景德镇之外的各大瓷窑日趋衰落，各地的能工巧匠逐渐向景德镇聚集，形成了"工匠来八方，器成天下走"的局面，终于成就了景德镇"瓷都"的美名。

对于瓷器生产而言，景德镇具有各地所不具备的、综合性的优越条件。

首先是地理位置，景德镇地处昌江及其支流的汇合处，交通发达、运输方便（对于分量重又易碎的瓷器而言更是如此），而且水利资源丰富，有利于设置水碓等粉碎瓷石的设备。其次，周边地区蕴藏着可以制作优质瓷土的丰富资源，尤其还有个高岭村，出产的优质瓷土原料更是得天独厚，独步天下。第三是四周的山上盛产松柴，为元明清数百年烧制瓷器提供了几乎"取之不尽、用之不竭"的燃料资源。当年的景德镇，大量瓷窑沿着水岸一路铺开，运送瓷器的船只你来我往，景象蔚为壮观。

景德镇的瓷窑，从经营者的角度，可分为民营和官营两类。民窑主要面向民间市场，生产的瓷器以日用器物为主，产品贴近民众生活，瓷器的种类和装饰的题材均为民间所喜闻乐见，生动活泼，不拘一格，而且物美价廉。与此同时，民窑也生产少量高级的细瓷器，产品深受各地富豪乃至京城王爷的欢迎。有的民窑也接受宫廷订货，为宫廷烧制"钦限"御器。这种做法称为"官搭民烧"。"官搭民烧"从明代发展到清代康熙年间成了固定的制度。这种制度的具体做法是：大多数宫廷瓷器在御厂制坯成型，然后送入民窑中搭烧。"官搭民烧"无疑提升了相关民窑的质量，且生成了一定的广告效应，但御用瓷器在烧制时占用了民窑窑炉中的最佳窑位，烧坏了还要高价赔偿，民窑也为此付出了高昂的代价。

官营瓷窑即宫廷的御器厂，又称"官窑"。官窑从明代的洪武年间设置起，一直延续到清朝。官窑器仅供宫廷使用，聚集了天下的能工巧匠，所烧造的瓷器为宫中精致奢侈的帝王生活服务，种类繁多，精巧雅致，体现出很高的艺术品位，再加上不计成本地追求完美，因此官窑器代表着景德镇乃至整个明清陶瓷最高的艺术水平和科技成果。

明清景德镇的产品丰富多彩，繁花似锦。我们且按釉的装饰分类叙述。

1. 釉下彩

釉下彩是一种先在成型的胎体上绘画，接着上釉后入窑经高温一次烧成的色彩。因彩在釉下，摸起来光滑平整，而且永不褪色。釉下彩品种繁多，青花是其中最著名的品种，其次是釉里红。

（1）青花瓷

青花是白地蓝花瓷器的专称，今天我们仍然在使用。青花在制作工艺上，采用含氧化钴的原料，先在瓷器坯体上描绘纹饰，再罩上一层透明釉，经高温还原焰一次性烧成。氧化钴烧成后呈蓝色，颜色鲜艳、色泽稳定。成熟的青花瓷出现在元代，最初是为外贸出口而研制生产的。元代的青花瓷胎体厚重，所用的钴料有国产和进口两种，其中大型器物多用进口钴料。元青花色泽浓艳、画面满而不留空隙，但层次丰富，繁而不乱。瓷器上绘制的人物故事以及动物、花卉等都栩栩如生。元代的青花瓷在国内留存的数量很少，因而十分珍贵。2012 年，上海博物馆举办过一次盛大的元青花展览，集中展示几十个国家和地区的元青花精品九十余件。这些青花瓷精美绝伦，其中半数以上来自伊朗、英国、美国、日本、俄罗斯等国的博物馆和收藏机构。展览为期 3 个月，引起了巨大轰动。

青花在明代继续发展，逐渐成为景德镇瓷器生产的主流。永乐、宣德两朝是明代青花瓷器生产的鼎盛时期，其官窑青花瓷器所用钴料为进口的"苏麻离青"，青花呈宝石蓝一样的鲜艳色泽，间或杂有黑疵斑点。中期改用江西乐平出产的"平等青"和"石子青"，色泽由浓艳变为淡雅。此外官窑还采用西域的"回青"料，青色浓翠艳丽。

清康熙年间是青花瓷时代的又一个高潮。景德镇制瓷大师已能熟练地配置和运用多种浓淡不同的青料，使所描绘的景象具有丰富的色调，因此康熙青花瓷器有"五彩青花"之誉。"五彩青花"的基础早在清初就已

图31 元代青花缠枝牡丹凤穿花卉纹兽耳罐

打下，顺治年间国画般的"墨分五色"的青花瓷装饰就已出现，但较为罕见。

元代青花缠枝牡丹凤穿花卉纹兽耳罐

这件青花瓷罐高38.5厘米，体量高大，形体厚重，显得豪壮挺拔。肩部堆塑一对兽形耳，耳中有穿孔可系绳。罐的颈部从上到下有两层纹饰、罐身从上到下则有五层纹饰，密不通风但井然有序。主体纹饰为缠枝牡丹花，几只凤凰展开双翅穿过花丛。

清顺治十年青花山水图瓶

图32 清顺治十年
青花山水图瓶

这件瓶高44.4厘米，体量硕大。最值得注意的是瓶身山水般的装饰。其山水以"斧劈皴"绘就，近处浓深，远处恬淡，色泽青蓝，层次分明。与一般的中国画的区别仅仅是颜料，一为水墨，一为青花。图一侧题词一首，有"癸巳秋日写为西畴书院"纪年款，这个"癸巳"年即顺治十年。这件瓶形如直筒，所以又叫"筒瓶"。筒瓶始见于明代万历朝，本无深意。至清顺治、康熙两朝，筒瓶因"筒"与"同"谐音，而被赋予了"大清天下一统"的寓意，从而成为民窑中最为流行的器形。这件瓶因有确切纪年，成为民窑青花瓷中一件十分重要的断代标准器。

（2）釉里红

釉里红也是景德镇窑釉下彩的名品。工艺和青花瓷相同，先用氧化铜在瓷坯上着彩，然后罩透明釉，用高温还原焰一次烧成。铜在还原气氛中呈红色，但要呈现出鲜艳的红色十分不易。釉下红彩在唐代长沙窑中已偶然出现，到元代，釉里红瓷器才真正发展成熟。明宣德和清康熙、雍正时期是釉里红的鼎盛期。宣德年间精致之作迭出，尤以官窑的红鱼靶杯最负盛名。清代继承了明代的釉里红生产，在清雍正年间达到高峰，红色恰到好处，色泽十分鲜艳。

明宣德　釉里红三鱼纹高足杯

这件高足杯的胎体较厚，致密坚硬，胎白釉润，触摸有润滑感。杯腹部用釉里红描绘出三条游动的鳜鱼。高足杯红白相映，图案简洁朴实，典雅鲜明，极有情趣。杯底内有青花双圈"大明宣德年制"楷书款。这件作品是明代釉里红器中少有的佳作。

图 33　明宣德　釉里红三鱼纹高足杯

2. 釉上彩

釉上彩是一种釉上加彩的陶瓷装饰技法。它是用彩料在已经烧成的瓷器釉面上绘制各种纹饰，然后第二次入窑烘焙，以低温固化彩料制作而成的。由于彩在釉面之上，故用手触摸有一定的凸起感。釉上彩烧制的温度低，因此色彩选料的范围比釉下彩更为多样，从而画面色彩更加丰富、艺术表现力更强，制作成本也更低，故而广受市场欢迎。釉上彩的缺点也拜"釉上"所赐，纹饰容易磨损褪色，也容易受酸碱腐蚀，但若用作陈设器皿则可避短扬长。

景德镇窑的釉上彩品种丰富多样，主要有五彩、粉彩、珐琅彩、素三彩、墨彩等许多种类。

（1）五彩

五彩是在宋、元釉上加彩的基础上发展而来的彩绘。即用红、黄、绿、蓝、紫等多种彩料绘画，再低温焙烧固化。"五彩"即色彩繁多的意思，其色彩丰富，浓艳热烈，的确"五彩缤纷"。

明代五彩以红、黄、绿三色为主。嘉靖、万历两朝是明代五彩瓷器的高峰，瓷器纹饰精致而繁密，色彩绚丽。除了传统的品种以外，还出现了将釉下青花作为一种色彩和釉上多种彩色相结合的新品种，名为"青花五彩"。其图案同样满密，彩色浓重，尤其突出红色，因而显得浓翠红艳。

清康熙年间发明了釉上蓝彩和光亮如漆的黑彩，五彩的题材更加丰富，使纯粹的釉上五彩取代了工艺复杂的青花五彩，降低了生产成本，成为彩瓷的主流。雍正朝开始流行粉彩后，五彩制作逐渐趋于衰落。

相对于新出现的粉彩而言，五彩显得线条硬朗、色彩之间的过渡生硬、烧成固化的温度较高，因此又被称作"硬彩"。

明代景德镇窑五彩鱼藻纹罐

这件瓷罐的画面是个水的世界，荷花、水藻随着水波荡漾，长着胡须的大鲤鱼在水草间悠然自得地游动着。图案繁密，色彩浓烈，极富民间俗

图34 明代景德镇窑五彩鱼藻纹罐

文化的审美情趣。是五彩瓷器的经典之作。

（2）粉彩

粉彩是在康熙五彩的基础上，受珐琅彩制作工艺的影响而创制的一种釉上彩新品种。开始于康熙晚期，到雍正时期盛行，在造型、胎釉和彩绘方面都得到空前的发展。

粉彩具有以下特点：①所用彩料多为进口料，有胭脂红、洋黄、洋绿、洋白等，彩色中有的用芸香油调和施彩；②绘制时，先以含砷的"玻璃白"打底，利用砷的乳浊作用使颜色产生粉化效果；③采用传统绘画中的没骨画法渲染，突出阴阳、浓淡的立体感。

雍正时期还是粉彩瓷器的高峰，图案有花鸟、人物故事和山水画等，尤以花卉为主，绮丽色彩，婀娜姿态。图案除白地彩绘外，还有各种颜色打底的彩绘。雍正粉彩盛行之后，很快取代了康熙五彩的地位，成为釉上彩的主流。

粉彩又名"软彩"。因与五彩相比，其色彩比五彩更丰富、娇艳，而且淡雅柔丽，感觉比五彩柔软；烘焙温度约在700℃左右，也比五彩略低。

下面这件清雍正粉彩蝠桃纹橄榄瓶，是雍正年间粉彩的经典之作。

清雍正粉彩蝠桃纹橄榄瓶

这件瓶造型线条优美，形似橄榄，故此又称"橄榄瓶"。瓶体用粉彩绘制了八只红艳成熟的寿桃和两只蝙蝠，以寿桃象征长寿，以蝙蝠之"蝠"的谐音象征幸福，寓意福寿双全。

这件粉彩瓶原为香港张永珍女士在香港苏富比拍卖行购得，而后慷慨地捐赠给了上海博物馆。

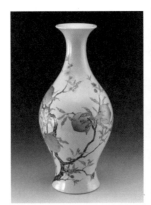

图35　清雍正粉彩蝠桃纹橄榄瓶

（3）珐琅彩、素三彩和墨彩

即用珐琅彩在瓷器釉上彩绘的瓷器，又称"瓷胎画珐琅"。珐琅彩引自于国外，明代曾经盛行在铜、玻璃、和瓷等不同质地的胎体上，用进口的珐琅彩描绘图案而制成珐琅彩器。在故宫保存的原标签上被称为"铜胎画珐琅""瓷胎画珐琅"，等等。清代宫廷从康熙年间始盛行"瓷胎画珐琅"，专做宫廷玩赏和祭祀用的盘、壶、盒、碗、瓶、杯等小型器物。康熙朝珐琅器的主要图案为花卉，用彩厚而具立体感；雍正朝则增加了花鸟、竹石、山水等题材，画质细腻精良；乾隆朝出现了完全仿西洋的画意，同样精致细腻。珐琅彩的烧造对康熙以后粉彩的发展有很大的影响。

素三彩，是在高温烧成的素瓷上按事先刻划好的图案施彩，再以低温二次烧成的彩瓷工艺。素三彩始于明代，主要色彩为黄、绿、紫。至正德朝已高度成熟。清代康熙年间，素三彩瓷器有了进一步的发展，彩色除了黄、绿、紫色外，增加了当时特有的釉上蓝彩。加彩的方法也更为多样，有白地加彩、色地加彩等，其中的墨地素三彩更属于罕见的精品。康熙素三彩中还有不加刻画，通体施褐黄釉彩的工艺，其作品俗称"虎皮斑"，独具自然之美。

墨彩，是清代雍正年间景德镇用国产料仿烧水墨珐琅效果的一种釉上彩新品种。在白瓷器上以黑料绘画，再经低温烧烤固化而成。效果犹如在白纸上作画，墨色浓淡，雅洁宜人，时称"彩水墨"。

附：斗彩

此外，景德镇窑的匠师还别出心裁地创造出一种用釉下彩和釉上彩共同完成一件作品的斗彩。斗彩又写作"逗彩"。广义的斗彩是指釉下青花和釉上彩相结合的彩瓷工艺，明宣德朝的青花红彩器即属于这一品种。严格意义上的斗彩，是指先在瓷坯上用青花料描画纹样的部分或轮廓线，然后施透明釉，高温烧造。出窑后，用彩料在釉上填补不足，以完成全部画作。这种斗彩的工艺始于明代成化年间，到了清代雍正年间，釉上部分的颜料改用粉彩。"斗彩"之名也最早见于此时。斗彩的"斗"有拼合，对准，凑近的意思。繁体写作"鬥"，更加接近象形，此意看得更加清晰。

清雍正珐琅彩墨竹图碗

这件碗上的装饰，即用珐琅彩配成的黑色彩料绘出。一幅墨竹山石图，画面上修竹数竿，伴以嶙峋巨石。画上角行书题句为"色连鸡树近，影落凤池深"。题句的引首和句后分别还有"风彩""彬然""君子"等篆书朱文印，俨然一幅山水画。碗底部是珐琅彩蓝料双方框"雍正年制"宋体字款。

这件碗不仅造型优美，而且胎质细腻，洁白如雪，釉色晶莹如玉，加上珐琅彩墨彩的浓淡变化色调，把珐琅彩瓷高雅脱俗的特色表现得淋漓尽致。

图 36 清雍正珐琅彩墨竹图碗

明成化斗彩蔓草瓶

这种形状的瓶也称悬胆瓶，周身装饰了舒展流畅的蔓草花纹。可以看出，这件瓶的釉下轮廓线是青花，釉上用豆绿彩，两者上下呼应、合力完成画面图案。青绿相配，情趣盎然，给人以质朴自然的美感。

成化斗彩是中国彩瓷中的名品。它胎质细腻，胎体轻薄质透，白釉莹润，色彩鲜艳，代表了当时制瓷工艺的最高水准。成化斗彩器都是宫中之物，因帝王的喜好，一般都非常柔美细小，这件上博所藏的蔓草纹瓶身高18.1厘米，在众多娇小的成化斗彩器中，也算是"庞然大物"了。

图 37　明成化斗彩蔓草瓶

3. 颜色釉瓷器

颜色釉瓷器是元明清时期景德镇瓷器制作的另一个非常重要的品种，品种繁多、难以计数。我国瓷器传统的颜色釉，多以含有金属氧化物的各种天然矿物为呈色剂。呈色的元素主要是铁、铜、钴、锰四种，清代以后增用金、钛、锑等贵重金属。因不同的金属成分、不同的烧成气氛和不同的窑温，形成了不同色彩的釉。景德镇的颜色釉主要有：

① 青白瓷，釉色白中闪青、青中显白，介于青白之间。

② 青釉，以东青、豆青为主要色调。

③ 红釉，以铜红料掺入釉内，在高温还原气氛中烧成，以郎窑红和豇豆红为著名品种。

④ 蓝釉，钴在高温下烧成，呈纯正的宝石蓝色。

⑤ 黄釉，以铁为呈色剂，在低温氧化气氛中烧成。

⑥ 白釉，即卵白釉。釉层相对较厚，呈白乳浊色。

⑦ 天蓝釉，釉中含有 1% 以下的钴料，在高温中烧成，色如晴空。

⑧ 孔雀绿釉，因釉色如孔雀羽毛而得名，是用石英、铜灰、牙硝等烧成，属中温颜色釉。

⑨ 茶叶末釉，釉中的铁、镁与硅酸化合而产生的结晶的色彩，与茶叶末十分相像。

下面，再欣赏两件颜色釉作品。

清康熙豇豆红柳叶瓶

所谓"柳叶瓶"，因其造型状似一片轻盈的柳树叶子而得名。釉面的桃红色即是铜元素呈现的颜色。色彩淡雅，釉面上可见散缀的深红色斑点和苹果绿色的苔点，就像成熟的豇豆种籽。釉面薄而细腻，表明这件器物恰到好处地掌握了铜元素的氧化和还原气氛，工艺纯熟。豇豆红瓷器多见于清代康熙一朝，极其珍贵稀有。底内为白釉，有青花书写的"大清康熙年制"楷书款。

清雍正青釉云龙纹缸

这件缸高45厘米，口径40.6厘米，形体硕大。器物高大规整，胎体坚硬厚重。器身的浅浮雕云龙纹样是在成型的胎上剔刻而成，似乎微微凸出器表，刀法娴熟。器底露胎处泛赭红色。内外施豆青釉，釉面滋润肥腴，表明清雍正年间颜色釉已达到很高水平。

图 38　清康熙豇豆红柳叶瓶　　　　图 39　清雍正青釉云龙纹缸

七　海上丝路和瓷器的海外贸易

中国有着漫长的海岸线。先秦时期，岭南的居民已经开始在南海乃至南太平洋沿岸及其岛屿开辟国际贸易的海上通道。从《汉书·地理志》可知，秦汉时期，海上丝绸之路的雏形便已成型。唐代中后期（755年发生安史之乱），由于中原战乱，中国的经济重心东移，海上丝绸之路逐渐取代陆上丝绸之路，成为中外贸易交流的主要通道。考古资料表明，中国陶瓷较大规模的外销至迟在唐代就拉开了序幕。在今天的朝鲜、日本、菲律宾、印度尼西亚、马来西亚、泰国、斯里兰卡、印度、巴基斯坦，以及西亚、东非等许多国家和地区出土了中国唐和五代时期的陶瓷。随着中国航海事业的发展，宋元时期的陶瓷外贸更加繁荣。大批陶瓷从广州、明州（今宁波）、杭州、泉州等口岸出发，源源不断地运往亚洲、非洲各国，使海上"丝绸之路"逐渐演变为海上"陶瓷之路"。沿线国家也开始不再用"Seres（丝）"称呼中国，而是改用"china（陶瓷）"。今天在这些地区，考古出土了许多沉船上的陶瓷。

图 40 "南海一号"沉船复原模型

图 41 "南海一号"船舱中的瓷器

图 42 "南海一号"沉船中的瓷器精品

"南海一号"就是1987年发现的一艘南宋初年的沉船。这艘船长二十六米多，宽十余米，船身不算桅杆高八米，载重近八百吨。其航行的目的地可能是新加坡、印度等东南亚地区，不幸沉没于中国广东台山市海域。这艘船装载的货物以瓷器为主，主要来自福建德化窑、磁灶窑、景德镇窑及龙泉窑，大多为高质量精品，许多瓷器至今完好无损。

元代瓷器的输出情况，在元朝人王大渊的《岛夷志略》中有详细记录，产品到达地点有五十几个，分别属于今天的日本、菲律宾、印度、越南、马来西亚、泰国、孟加拉和伊朗等国家。品种主要是青瓷、青白花瓷器、青白瓷及处州瓷器四类。除了中国商人向海外输出商品，海上贸易活跃的阿拉伯人也从中国输入了许多瓷器。

明清实行海禁，海外瓷器贸易受到一定打击。但15～17世纪，欧洲开始进入"大航海时代"。1492年，哥伦布发现新大陆；1498年，达·伽马开辟了印度航路；1519年，麦哲伦的船队出发，完成了环绕地球的航行。欧洲的商船频繁出现在世界各处的海洋上，寻找着新的贸易路线和贸易伙伴，以扩展欧洲新生的资本主义。葡萄牙人将中国瓷器运往欧洲，西班牙人则通过菲律宾的转口，将瓷器运往美洲。明代中后期，欧美地区成为中国瓷器的全新市场。

"哥德堡号"是大航海时代一艘著名的瑞典远洋商船，曾三次远航中国广州进行贸易活动。最不幸的是第三次航行，在满载货物的船即将回到母港，甚至船员的肉眼已经能够看清岸边景色时，船头触礁，整船沉没。人们从沉船上捞起了30吨茶叶、80匹丝绸和大量瓷器，在市场上拍卖后竟然足够支付"哥德堡号"这次广州之行的全部成本，而且还能获得14%的利润。

图43 "哥德堡号"重返广州

为纪念中国与瑞典之间的瓷器贸易以及这艘沉船，2005年10月2日，瑞典仿古航船"哥德堡号"沿着18世纪海上丝绸之路到达广州，航程约280天。可见，当年的贸易也是充满艰辛，旅程前程未卜。

明中叶以后，有不少外国商人到中国收购、订制中国瓷器，而且数量都非常巨大，据不完全统计，运到荷兰的瓷器最多一年（1639）可达366000件。鸦片战争以前，外销瓷的主要市场为朝鲜、日本、东南亚诸国和欧洲。特别是欧洲市场，18世纪前期，欧洲的英、法、荷兰、丹麦、瑞典等国被允许在广州设置贸易机构，使中国瓷器在欧洲的销售量达到历史上的高峰。

到了19世纪，瓷器的原料与工艺已经不再是秘密，欧洲一些国家创立了自己的制瓷业。德国、英国、法国和意大利等地，均研制出了自有配方制作的瓷器。如英国人在瓷土里增添一定比例的动物骨灰而生产出了"骨瓷"（又称骨灰瓷）。骨瓷强度高、透光性较强，看起来优雅漂亮。

　　西方瓷器工业在科技发展、工业革命进步的时代背景下，更加讲究成分配比的精确性，因而质量稳定，工艺水平持续稳步提高，而且有效地控制了成本。

　　中国发明的瓷器，惠及自身而且惠及世界，值得我们自豪。但在欣赏中国古代瓷器之精美时，万万不可自我陶醉、更不可固步自封。

图 44　外销瓷

图 45　精美的外销瓷

图 46　外销瓷

图 47　骨瓷制品ⒸDavid
Jackson，斯格福德郡
1815—1820

别具智慧的中国古代雕塑家们

— 郭青生 —

雕塑是一种立体的艺术,与绘画不同的是,它不是平面,而是有厚度、可触摸的三维空间。因此雕塑对眼睛的要求更高,对视觉更倚重。"雕塑"一词其实是两个动词的集合。"雕"是人们用工具把材料中"多余"的部分去除,把需要的部分留下来,最后成为事先设想好的形状,是一种减法的艺术,常用坚硬的材料做原料,如石头和木头等。而"塑"是做加法的艺术,通俗来讲就是"无中生有",比方人们用比较软的材料,如泥土,一点点增加体积,直到变成需要的形状。当然,"减少"和"增加"这两种方法在同一件雕塑作品中可能同时采用,特别是"塑"中一定有"雕",两种方法密不可分。因此"雕塑"就成了一种艺术门类的名词。

在西方,从古希腊、罗马时代直到现代,涌现出无数极为优秀的雕塑艺术和艺术家,比如米开朗基罗、罗丹等,一代又一代的西方艺术家把雕塑艺术带入 21 世纪,如今又涌现出更多的现当代雕塑家。

中国的雕塑艺术同样伟大,但中国古代的艺术家却隐姓埋名,绝大多数作品找不到创作者。上海博物馆的许多雕塑作品,比如"王龙生等造像石碑"上留下了"王龙生"以及许多人的姓名,但这些都不是作者,而是委托别人制作的人。这"别人",在他们眼中只是工匠而非艺术家。中国古代的雕塑艺术家在历史上隐姓埋名,始终没有走上舞台幕前。不过,虽然他们没有留下姓名,但他们的作品却熠熠生辉,比他们个人的生命具有更加永久的生命力。

那么,应该怎样欣赏他们的作品呢?与绘画一样,我们欣赏一件雕塑作品时,首先应该关注的点不在于它像或不像,而是在于作品的主题如何,即这件作品所折射出的观念、思想和情绪是否有意义,能否紧紧地抓住观赏者的心弦,能否给人以充分的艺术审美享受,并使人从中获得某种启迪或者教育。简而言之,就是雕塑作品能不能打动观众,让观者产生共鸣。第二,雕塑与摄影有异曲同工之妙,它也要抓住最想表达的一个瞬间,快速地定格下来。但作为艺术,这个瞬间也不是完全"自然"的,而是经过了艺术家的加工和提炼,有观念、有情感,因而成为凝固的动态艺术。

中国传统雕塑艺术的特征主要有二。第一，大多用于神圣和庄严的场合，用以表达敬意，寄托精神，具有信仰的涵义。比如，俑是用于伴随逝者走入另一个世界的，是生者对逝者的关怀。再如宗教造像，既用于崇拜、修行，也用于传播宗教的思想。第二，中国传统雕塑在表现形式上，具有很强的写意性，它也倡导"神形兼备"，但不是把作品的所有特征都纤毫毕现地再现出来，而是更强调"以形写神"，为了后者，作者可以最大限度地将"形"放在虚拟的位置上，甚至不惜放弃对"形"的刻画。

下面，将从以下几个门类谈谈中国古代的雕塑艺术。

一 新石器时代陶雕艺术

新石器时代陶雕艺术是中国传统雕塑艺术的源头，新石器时代的生活并不富有，艺术更不是谋取奢华生活的手段。雕塑艺术家从制作陶器的实践中成长起来，他们为了理想或是为了实现他人的精神需求而创造，出现了许多闪耀着光芒的艺术品，华夏民族的审美取向在新石器时代萌芽。艺术家将美和各种精神融入生活中的实用器物，使实用与艺术高度统一起来，创造出精美绝伦的工艺美术。

人头壶

这件陶壶，来自仰韶文化，距今 7000～5000 年左右，高 23 厘米，底径 6.3 厘米，于 1953 年发现于陕西省洛南县灵口镇焦村遗址。壶由细泥红陶制成，器形呈人头葫芦身，平底，人头与壶浑然一体，脸部眉目清秀，鼻梁修长，双目上视，嘴唇上翘，发型以扁平锥刺纹表示，刻画出一个鲜活真实的母亲的面容。

人头与壶身结合酷似一个孕妇，这个形象十分优美，体现了仰韶文化时代这个母系氏族社会对女性和人类繁衍的重视，以及对人、对母亲形象的觉醒。此类雕塑在全世界原始文化中多有发现。如奥地利维伦多尔夫的

"维纳斯"，那是个丰腴的母亲形象，以现在世俗的眼光似乎看不到"美"，但它寄托着人们对母性的崇拜。人类早期的艺术，包括雕塑都不仅仅是为了艺术而存在，而是另有神秘的精神层面的意义。

从这件壶的侧面观察，可以看到它的侧面有普通水壶都该具备的流。这里的流既可用于往里注水，也可向外倒水。但人们更愿意想象人头壶的流是用来注水的，而水是从人头的脸向外缓缓倒出的。当壶身向前倾斜时，水从这位母亲的眼睛流出，酷似泪水的流淌。此情此景纪念着人类孕育的最初痛楚，也凝聚着母亲对赤子的希望和关爱。

图 1　人头壶斜侧面图

这件人头壶在原始文化各种造型的器物中特别引人注目，因为它长着母亲的模样。当我们与她对视的时候，会引发对母爱、生命和人类命运等的无限思索。2018 年 1 月 1 日，中央电视台、国家文物局联合摄制的百集纪录片《如果国宝会说话》在央视纪录频道播出，第一集就是《人头壶：最初的凝望》。从此，这件壶就从文物考古工作者的视野进入了更多人的心灵世界。

红陶兽形壶

这是一件酒器或者是水器，来自大汶口文化，距今 6500 ～ 4500 年，于 1959 年出土于山东泰安大汶口遗址，现在收藏于山东省博物馆。

这件红陶兽型壶通体披红色陶衣，是一件实用器物，但同时兼顾了艺术的美。它的整体造型，有人认为是狗；但更多人认为是猪，因为小小的鼻孔泄露了机密——双孔并列，是一只标准的猪的鼻子。而且大汶口文化拥有繁荣兴旺的家庭养猪业，大汶口人还流行以自家拥有的猪的数量来夸耀的风习，更增加了"它是猪"的分量。不过，无论是狗还是猪，都反映出制作它的陶艺大师对动物细致入微的观察，同时还有以抽象的手法进行夸张变形的表现能力。

这件壶高 21.6 厘米；夹砂红陶质。夹砂的陶质，表明它不仅是容器，还可以作为受火加热的水壶。壶的背上有提手，接近尾巴处设一个筒形的口用以注水，非常实用。造型上，它圆面耸耳，肥胖的身体，大张的口，上翘的短尾，好像正在向主人乞讨食物，显得稚态十足，憨态可掬。

图 2 红陶兽形壶

二 商周青铜雕塑

与新石器时代的陶器一样，商周的青铜雕塑也是一种工艺美术。青铜器的模具本身就是一件艺术品，无论是泥范法还是失蜡法，都是运用雕和塑等多种方法制成，然后接受青铜溶液的浇注，使青铜变成它的形状。可以说，青铜器有多美，模具就有多美，模具是无名英雄，是青铜器的母本。商周青铜器的造型中，包含大量的动物整体造型；在非动物造型的器物上，也装饰着许许多多高浮雕和圆雕的动物形象，精美异常，是商周时期中国传统雕塑艺术的瑰宝。

小臣艅犀尊

《青铜散》的作者吴克敬先生说："如果没有看到小臣艅犀尊，对于西方人嘲笑中国传统雕塑不懂解剖学的言论，我是无话可说的，尽管心里不怎么服气，但我们能拿出什么东西为自己证明呢？不知别人能否找得到，总之，我是找不到的，而且从没见谁为此著文辩驳过。但在我看到小臣艅犀尊后，我忍不住要为此而一辩了。"我想，我们看到这件作品后，一定也会发出与吴先生一样的感慨。

这件以犀牛为本的尊太写实了，而且精气神十足，是"形神兼备"的典范。但作为一件实用器物，制作它的艺术家必须兼顾使用的功能。在艺术家的手下，它的身体几乎变成了圆球，里面可以容纳大量的酒；为了站立稳定，它的四条腿和脖子也变得短而胖，经过艺术的处理，非但一点都不影响小臣艅犀尊的美，反而使它更加淳厚而朴实，凝重而肃穆，充满着艺术的气韵，被艺术史著作称为"中国雕塑史上的开篇之作"。

图3　小臣艅犀尊

小臣艅犀尊是商代晚期的作品，是一件盛放酒的器物，器高24.5厘米，腹中铸着27个字的铭文，表明这件尊的主人名为"小臣艅"。现收藏于美国旧金山亚洲艺术博物馆，是该馆知名度最高的中国藏品。小臣艅犀尊同时还告诉了我们一个信息，即古代的黄河流域是有犀牛的，它们直到东汉时期才彻底消失了踪影。

猪尊

图4　猪尊

猪尊也叫"豕尊"，这件作品诞生于商代，比前一件犀尊更加写实，同样也在优秀作品之列。

从造型上可以看出，这是一头处于野猪向家猪过渡阶段的家猪，它的神情温和安详，嘴角上翘，似乎还带着浅浅的笑意。新石器时代的农业革命，人类开启了驯化野生动物使之成为家畜的进程。这件作品表明，商代的猪依然还保留着较多野生祖先的特征，尤其还长着长长的獠牙，看上去行动敏捷。商周青铜器绝大多数用于庄严的祭祀、宴饮等场合，猪尊也不例外。艺术家在它全身装饰着非常规则线刻纹饰，增添了这件猪尊的神圣色彩。

猪尊，身长 72 厘米，重 19.75 公斤。尊是盛酒器，动物造型的尊是尊的一个种类。因此这件猪尊的腹部是中空的，腹顶部设有盖子以防酒的香气随意挥发，盖子上立着一只神气的小鸟。这件作品 1981 年出土于湖南湘潭，现收藏于湖南省博物馆。

图 5　四羊首瓿

四羊首瓿

这件商代的青铜作品，造型奇伟庄重，硕大丰厚，高 38.8 厘米，口径 31.6 厘米。瓿是水器，用以盛水。周身布满瑰丽的纹样：器腹与圈足铸有上下相应的四道扉棱，这种突出体外的扉棱是青铜器特有的装饰，用以增强装饰效果，同时又掩盖了合范浇铸后留下的范线缺陷。这种手法在商周时代十分流行。

图 6　羊首的侧面图

这件器物之所以被命名为“四羊首瓿”，是因为艺术家它的肩上塑造着四只近乎圆雕的高浮雕羊首，它们犹如画龙点睛一般，提升了整件器物的神秘韵味。在羊首的造型上，作者突出了羊的双角，使之更加长而弯曲，显示出绵羊特有的温顺和安详的神态；而羊首面部线刻的云雷底纹则突出了

这些羊神圣的气息。

羊，在商周时期已经是鲜美的肉食，也是位列"三牲"的重要祭品；在中国传统文化中，羊更是吉祥的象征。

母癸甗

图 7　西周早期母癸甗

图 8　母癸甗，鬲足局部

商周的青铜器，不仅能够熟练地运用圆雕和高浮雕艺术，也将线刻和浅浮雕艺术运用得炉火纯青，这件母癸甗，堪称一个代表作。它通高 50.2 厘米，形体高大，由上下两部分组成。上半部分是甑（即蒸锅），下半部分为鬲（有三只中空袋状足的容器），用以盛水，中间以箅隔开。作用类似于现代的蒸锅，其加热原理也与现代的蒸锅相似。

这件器物最引人注目的是鬲三袋足上的牛首纹。这只牛的脸部以线刻"绘"就，犹如白描，风格写实，占据了整个袋足的表面空间。牛的表情温顺善良，憨厚稳健，仿佛驮着这口锅，迈着庄重的步伐向我们一步一步缓缓走来。虽然这件器物十分笨重，而且上大下小，形体结构并不和谐，但因为艺术家设计的牛首纹饰给了器物一种轻松的动态美，同时也形成了稳定的感觉。

三　俑的雕塑艺术

春秋时期，随着奴隶制走向崩溃，人殉的做法越来越受到抨击，替代活人殉葬的俑逐渐成为风尚。俑从春秋开始使用，秦汉至隋唐盛行，北宋以后逐渐衰落。

　　俑，是专用于陪葬的偶人，其形象主要有奴仆、舞乐、士兵，以及由他们组成的仪仗，并常附有鞍马、牛车、庖厨用具和家畜等模型，还有镇墓的神物。俑大多真实地模拟着当时的各种人物，因而可以考见当时社会的生活习俗，也是研究各代舆服制度的重要资料。

　　俑是这一漫长时代雕塑艺术的主要题材，反映了该时代各个阶段的雕塑艺术水平。

战国彩绘木俑

　　这一组木俑出土于湖南长沙战国时代的楚国墓葬。作品的艺术风格简练，雕刻手法纯熟，重点突出人物削肩细腰的轮廓和拱手端立的姿态；脸部则简洁地雕出鼻梁的轮廓，五官用彩绘画出青黛娥眉；这些女俑身穿"曲裾深衣"，裙长委地，下摆处那斜切下去的一刀把衣裙的飘动恰如其分地表现了出来。而腹前部凸起的则是相交于此的手臂。艺术家的寥寥数刀就将楚国女性的典型特征呈现在我们眼前。

　　雕塑与彩绘相结合是我国古代雕塑的传统技艺，透过彩绘，我们可以看出人物所着衣物为楚人所钟爱

图 9　彩绘木俑组图

图 10　黑红搭配的楚国漆器与马王堆出土的西汉纺织品

图11　拱手俑和舞姿俑

图12　拱手俑和舞姿俑后侧面发型

的黑红两色，即黑地上非常规则地装饰着红色图案的颜色。黑红两色的色彩搭配，在楚国的漆器上也十分流行，对两汉的艺术也产生了深远的影响。

西汉拱手俑和舞姿俑

这两件俑采用较为写实而质朴的风格塑造。艺术家省略了她们的装饰和衣纹以及一切多余之物，只是拉长了她们的身高，使她们的身材更加修长婀娜。两件俑头梳汉代流行的坠马髻，头发拢结，向后挽结成大椎结丝绳，如马尾一样垂在背后。身着长袖舞衣，纤腰束带，长裙拖到地面。

舞蹈俑头微低双目向下，右臂长袖十分潇洒地甩向身后，左手臂下垂于身体的一侧，双腿微屈，似乎正在小步趋前或向后，正是踏歌起舞的一个瞬间，是汉代著名舞姿"舞袖"与"舞腰"的真实写照。

拱手俑应该是舞蹈俑的伙伴，她举手齐眉，双手作揖，表情谦恭，仿佛一曲终了后的谢幕，或者是翩翩起舞前的一个致意，与观者之间具有很强的互动感。

这两件俑的材料为泥质灰陶，表面的彩绘已失，但简约而流畅、富有动感的人物造型，依然给我们留下了光彩照人的艺术形象。

东汉抚琴俑

从这件"抚琴俑"上，我们可以清晰地感受到中国传统雕塑艺术"以形写神"的表现手法。

这件作品塑造了一位全神贯注的抚琴者，他的全部注意力聚焦于膝上的古琴，音乐从琴弦上通过他的手指间流水般地涌出。他面带笑容，双眼微闭，神情专注，沉浸在音乐的世界中，世上的一切烦扰此时都与他无关。

图 13　抚琴俑

我们每一个走近这件作品的人，都会被抚琴者的姿态深深吸引。为了突显这位抚琴者的精神境界，这件雕塑的作者省略了抚琴者身上一切可以省略的部分，包括他的衣服、抚琴的双手和跽坐着的腿和足，身体也仅仅变成了一个抽象的轮廓。而面部则是他精心刻画的重点。

抚琴者的面部并没有清晰的五官，但由五官所构成的沉醉之态却塑造得出神入化。可惜的是，我们无法知道这位雕塑家的姓名。

这件俑塑造于东汉，出土于四川地区，原先有彩，现彩色已荡然无存。四川地区出土了许多类似的俑，这些俑造型简约流畅，简繁搭配得当，看得出当地的艺术家在刻画人物的精神面貌，尤其在表达人物的喜悦之情方面积累了丰富的经验，"以形写神"的艺术手法更是发挥得淋漓尽致。

为了进一步了解这些中国传统雕塑作品的艺术特征，我们不妨和西方的雕塑做个比较。这件作品为《拉奥孔》。

《拉奥孔》是公元前 1 世纪中叶希腊化时期创作的大理石群像。群像高184 厘米，表现的是《荷马史诗》中的一段情节。希腊联军围困特洛伊城长达 10 年，久攻不下，于是留下装满勇士的木马假作撤退。特洛伊城的祭司拉奥孔看破希腊人的计谋，竭力阻止同胞将木马当做战利品拉进城，结果受到女神雅典娜的惩罚，他和他的两个儿子被雅典娜派遣的两条巨蛇活活缠死。这是一个神与人冲突的悲剧。这尊雕塑描绘了拉奥孔父子三人临死前肉体极度痛苦和精神极度恐惧的瞬间，作品极具张力。人物的面容、身

体乃至于各个细微处如头发、肌肉褶皱都
十分写实。但因为过于写实，人物由于灵
魂的挣扎而迸发出来的激情反而容易被细
节淹没。

与抚琴俑相类似、同样出土于四川
的东汉作品还有这件中国国家博物馆收
藏的击鼓说唱俑。

东汉击鼓说唱俑以泥质灰陶制成，头
上戴帻，作者取说唱者两肩高耸，左臂环
抱一扁鼓，右手举槌欲击的一个瞬间进行

图 14 《拉奥孔》

创作。张口嘻笑，神态诙谐，动作夸张，活现一俳优正在说唱的形象。艺术
家抓住说唱者举槌欲击的瞬间，突出表情的
刻画，而身体的其他部分，比如四肢、躯干
都塑造得很抽象，也根本忽视了人体的真实
比例。

这种因"写神"而故意忽视作品其他
细节的现象在动物形象的塑造方面也有所
表现。如上海博物馆雕塑展厅中陈列的东
汉陶狗。

图 15 东汉击鼓说唱俑

作者同样专注于陶狗的神态，这只狗
的双眼直视前方，炯炯有神，耳朵向前方
高高竖起，鼻子似乎也因嗅到异味而抽动。
身体前倾，后腿微弓，似乎随时可以冲向
目标。整体的造型也十分简洁流畅，毫无
赘物。

说到俑，唐三彩是绕不开的话题。但
因在陶瓷一篇中做了较为详细的阐释，此

图 16 东汉陶狗

处限于篇幅不再赘述。

四 佛教造像艺术

历史记载，东汉永平七年（64），汉明帝刘庄，梦到一个身高六丈、头顶放光的金人自西方而来，在殿庭飞绕。次日晨，汉明帝将此梦告诉大臣们，博士傅毅启奏说"西方有神，称为佛……"。这段对话表明，在此之前佛教已经沿着丝绸之路传入了中原地区。第二年，也就是永平八年，汉明帝派遣大臣出使西域拜求佛经和佛法。在大月氏国（今阿富汗境至中亚一带），礼请印度高僧摄摩腾和竺法兰东赴中土弘法布教。两位高僧到来后，汉明帝为他们修建了"白马寺"，这是中原的第一个佛教寺院。

此后，三国两晋南北朝的数百年间，中原陷入了长期的战乱，生命朝不保夕。佛教于是被民众视为拯救他们脱离苦海的生命之舟，赢得了无数信众。随着佛教经典的汉译，以及与儒学、道教相互纷争和相互接纳补充，佛教逐渐深入到中国的思想哲学领域，开始了佛教中国化的历程。佛教的造像艺术，随之接踵而至。为了宗教宣传，同时为了佛教崇拜以及修行的需要，佛教造像艺术在这一时期高度繁荣。佛教的到来，为中国传统的雕塑艺术注入了全新的内容和形式，大批原先制作陶俑的雕塑艺术家，也转而进入佛教造像的行列。为了表现佛菩萨的人文关怀精神，中国雕塑艺术在人物精神的刻画方面倾注了极大的热情。

唐代是中国佛教发展的一个高峰，佛教形成了八大宗派，佛教艺术也随之登上了历史的巅峰。

现在，让我们来共同欣赏这些精美的佛教雕塑作品。

北齐释迦牟尼坐像

这尊北齐的释迦牟尼佛石像，是上海博物馆最美的佛教石雕像。材料为白石。相信艺术家在接到为这尊释迦牟尼佛造像的委托后，一定颇费思量。第一，这尊造型一定要符合佛经所描述的佛陀的"三十二相"和"八十种好"，即佛的主要相貌特征；第二，要突出佛陀的内心精神世界，即作为哲人的智慧、作为拯救众生者的慈悲；第三，突出"这尊佛"与其他佛造像不同的个性。

这尊释迦牟尼佛在艺术家的手中诞生了。佛陀身穿轻薄贴体的通肩大衣，以"半跏趺坐"的姿势端坐在束腰形的双重莲座上。莲花出淤泥而不染，衬托着佛陀内心的宁静和清洁。他面相丰满，雍容华贵，眉心中间长着一颗象征智慧的"白毫"，两耳垂肩，慈祥亲切，身体略微前倾，微笑着俯视向他祈求幸福或消弭灾难的众生。佛陀的双手因悠久岁月的销蚀现已残缺，但从手臂弯曲的角度可以推测出，他的右手掌心向前、指尖向上作"施无畏印"，即给予人们大无畏勇气的姿势；左手也是掌心向前，但指尖向下，作"与愿印"，即佛菩萨顺应众生的祈求、所求愿望均能给予实现的姿势。释迦牟尼佛的躯体魁伟丰腴，这种身材是北齐佛像的普遍风格。

从宗教的角度看，佛陀的形象严格地遵从了三十二相的法则，最基本的特征如顶有肉髻，眉间白毫，双耳垂肩、两手过膝等都清晰可见，那是佛教用以体现佛陀内德的表征。佛陀的背后有莲花花瓣形的"身光"，头部有从白毫发出的圆形"头光"，以及沿着莲瓣结跏趺坐的"化佛"，也都是仪轨规定的内容。艺术家在佛的身光上装饰着浮雕的火焰纹，火焰光芒的外缘装饰着一圈浮雕的荷莲唐草纹；头光则是盛开的莲花。所有纹饰都非常精致富丽。

佛是佛教造像中最重要的题材。

图17　北齐释迦牟尼坐像

佛，原指释迦牟尼，又称佛陀、如来、世尊等。意为"觉者""知者""智者"。印度佛教里的佛不多，但中国的大乘佛教却不自觉地开展了浩大的"造神运动"，佛陀的形象除了释迦牟尼外，还包含过去佛燃灯佛、未来佛弥勒佛、东方佛药师佛、西方佛阿弥陀佛等。这尊佛是释迦牟尼佛，即佛教的创始者，是所有佛中唯一一个真实的历史人物。在佛教造像中出现的频率最高。

信仰的力量是艺术创作灵感的重要来源。从魏晋到唐代，佛教的信仰造就了许多不知名的艺术家涌现出无数珍贵的佛教雕塑。艺术家看起来是在创作宗教形象，但其实在创作人的形象，在佛教雕塑中注入的是人类的普世价值和精神寄托。

释迦佛石像

这尊造像是"一佛二菩萨"的组合。中间须弥座上的是结跏趺坐的释迦牟尼佛，佛左边站立的是普贤菩萨，右边站立的是文殊菩萨，佛两侧站立的菩萨称为"胁侍菩萨"。由释迦牟尼和普贤、文殊组合而成的三尊像又称"华严三圣"，其名出自《华严经》。经中记载，文殊菩萨和普贤菩萨常常共同辅佐释迦牟尼佛弘法，这就是他们弘法的一个场景。在中国的菩萨信仰中，普贤菩萨象征真理，文殊菩萨象征智慧。所有菩萨中，代表智慧的文殊菩萨更为世人所熟悉。古时中国人常将文殊视为智慧的化身，同为汉语佛教文化圈中的日本，至今在谚语中还保留着"三人寄れば文殊の知恵"的句子，意为"三人凑在一起，就能达成文

图 18　南朝释迦佛石像

殊一样的智慧"。文殊菩萨最常见的形象为头戴五髻宝冠的童子，此尊造像中就是这种形象。头上梳着五个发髻象征文殊内含五种智慧，而童子的形象则表示其天真纯洁。

雕刻这尊佛像的艺术家，在突出佛菩萨的庄严和神圣的同时，也更加注重塑造他们亲切慈爱的一面，重点突显佛与菩萨的面容。在体量并不大的造像中，他们均面带笑容，目光微微下垂，正在倾听祈愿者的心声，使人感到温暖。此尊造像来自南朝。南北朝时期，南方主要流行"格义"佛教，即注重于教理的研究，与北方流行"造像修行"的方法不同，故留下的佛像也不多，这件佛石像算是十分珍贵的了。

王龙生等造像石碑

造像碑，是一种采用石碑形式，用浮雕塑造佛陀形象的造像形式。主要流传于北魏至唐代。这通石碑现已部分残缺，失去了碑额和底座，所幸主体保存完好。

这件石碑上镌刻着许多人名，并有"邑主""邑子"等字样。"邑社"是南北朝时期佛教信仰的民间团体，主持人则为"邑主"，一般成员被称为"邑子"。王龙生的姓名刻于较为显著的位置，大概他就是一个邑社的邑主，而且是建造本造像碑的主要发起人，于是，博物馆就以他的姓名为这通石碑命名。

石碑正面的主体部分采用浅浮雕的手法，镌刻着"文殊问疾"的故事。维摩诘故事在此间表达了立碑人在佛教修习方面的价值取向，值得认真研读。

"文殊问疾"的故事取材于《维摩诘经》的"文殊师利问疾品"。按经中所记，维摩诘是古印度毗舍离的一个富翁，家财万贯，奴婢成群，还经常出入于市井里巷、酒肆青楼，但这并不妨碍他的佛教修行。相反，他才智超人、精通佛理，虽生活优裕，但精神高尚；虽坐拥财富，但视之若"无常"；虽妻妾成群，但内心"远离五欲污泥"。他过着这样的世俗生活，只是为了"善权方便",更好地教化众生。某天,维摩诘"现示"病情,文殊菩萨奉佛陀之命带弟子前去"问疾"。其情景如同石碑上刻画的一样:维摩诘衣饰华丽,凭几倚坐在床榻之上,面有病容但精神矍铄,与坐在床边的文殊侃侃而谈,弟子们站立一旁凝神倾听。南北朝时期的人物造型深受南朝画风的影响而大多"秀骨清像",这种风格倒与维摩诘此时的身体状况相符合。

《维摩诘经》是大乘佛教的早期经典之一,南北朝时刚刚译出,它对于后世禅宗的公案机锋、以至整个禅宗的思想都产生了重大影响;维摩诘的故事暗示人们,不出家、不放弃生活的享乐也能修行,只要在"欲"而行禅、处"染"而不染即可。正因为如此,《维摩诘经》深受士大夫的喜爱。随着该经的广泛传布,"维摩诘经变"(即取材于《维摩诘经》的图解)成为南北朝至隋唐时中国佛教艺术盛行的题材,维摩诘的形象也逐渐演变为本石碑中中原士子清瘦的模样。

在石碑的下半部,王龙生等人将自己的形象以供养人的身份镌刻了上去。这群供养人几乎都是高官,他们有随从,他们的骑乘和车马以及车厢上的伞盖均与史书《舆服志》中规定的样式相似,表明他们的品级不低。这部分浮雕图案轮廓清晰,人物和车马刻画细致,形象至今保存完好。

图 19　北魏王龙生等造像石碑

千佛石碑

本石碑首先映入眼帘的一定是那严整的"千佛"方阵了。碑的右上方残缺一角,如果补足,此处的"千佛"应当为922佛。这些小佛端坐于自己的佛龛之中,纵横对齐,占据了碑身的正面、背面和两侧的全部空间。

"千佛"是佛教石窟造像中长期流行的一种题材,在云冈、龙门、敦煌莫高窟和新疆等许多石窟中都可见到。佛像一般很小,采用雕刻或绘制的方法密集而整齐地排列在整个壁面、窟顶或塔柱上。但此处的"千"不是确数,一般数百,少的只有十几,多的可达数千乃至上万。

"千佛"是典型的大乘佛教题材,多见于北朝。大乘认为"三世十方"(即过去世、现在世、未来世和上下四维)有无数个佛。现在世有释迦牟尼

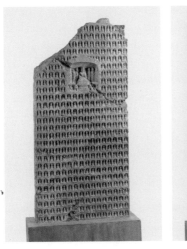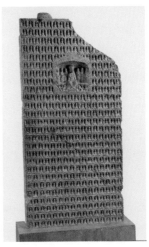

图 20　北周千佛石碑

佛,过去世有燃灯佛、未来世有弥勒佛;东方有药师佛、西方有阿弥陀佛,他们和释迦牟尼佛一样,都在度化众生。不仅如此,一切众生只要按照"八正道"修习,觉悟佛的真理,也都可以成佛。佛是我们凡人追求佛教真理所能达到的最高境界和果位。因此,千佛代表着大众对成就佛果的期待,也是大乘佛教修持的理念。

这块石碑的正面、背面和左右两侧的上半部中间还各开一浅龛,正面的龛中雕造释迦牟尼,胁侍者为二弟子、二菩萨、二护法金刚,表示"贤劫千佛"的主题。其余三面均为弥勒。弥勒出世对身处魏晋南北朝这样乱世的民众具有巨大的吸引力,它不把幸福的到来推到遥远的异域,而是说佛国乐土就在脚下。据《佛说弥勒菩萨下生经》所说,"弥勒出现,国土丰

乐""谷食丰贱，人民炽盛，多诸珍宝；诸村聚落，鸡鸣相接""人心平均，皆同一意，相见欢悦"。从这块造像碑上，我们可以明显地感受到这种向往的迫切心情。

北齐佛像石碑

本石碑很像石窟寺群，在陡峭如壁的"山崖"上分布着上下三层石窟，每层两龛。

各龛中的人物均面相圆润，修眉细目，目光微微向下，神态慈祥宁静。人物刻画细致，造型比例准确，无论站姿、坐姿，其姿态都很优美。这些人物中，胁侍者均由高浮雕的手法雕出，主尊则近于圆雕。石碑基座处为一组浅浮雕，中间为博山炉，两侧为蹲踞的狮子和跽坐的供养人，作围绕博山炉的样子。

六龛造像的人物组合与内容各不相同。

下层两龛的龛楣造型精致，左龛楣装饰着飘逸的植物枝蔓，两个飞天在龛顶飞舞。右龛楣由两根绶带组成石窟中常见的壸门，显出几分华丽。

中层两龛中的主尊都是立佛，右龛中的佛身着菩萨装。菩萨装的佛像在魏晋南北朝并不鲜见，可能是弥勒佛，也可能是表现佛陀经过累世修行，由菩萨而达到佛之正果的过程。

上层两龛的顶部皆已损坏缺失，但依然能够看出，碑身右龛是倚坐的弥勒，菩萨装束；两侧为四位菩萨。左龛的莲花台座上并坐的是释伽多宝佛。

建造本石碑的邑社规模庞大。碑的背后整整齐齐排列着"邑子××"的名单，人数不下数十人；左右两侧均刻有邑主姓名，左侧的供养人中带"妃""婢"字者较多。妃与

图 21　北齐佛像石碑

婢身份地位差距甚大，而大家同造一碑，大概是"众生平等"观念的体现。

阿弥陀佛三尊像

这件作品铸造于隋朝，为坛座式造像。坛座为四足长方形，底座纵长23.8厘米，造像通高37.6厘米。坛座上分布一铺造像，为一佛、二菩萨、二供养人和二护法狮。主尊阿弥陀佛左右还有两个插孔，原应插入胁侍的二弟子形象，现已缺失。阿弥陀佛左侧手持宝珠的胁侍菩萨应为观音，右侧手拈宝花的则为大势至菩萨。

图22　隋阿弥陀佛三尊像菩萨像

按照佛教的说法，在西方有一个极乐净土世界，那里以黄金铺地，到处鸟语花香，池塘里的莲花大如车轮，众生没有苦恼，只有"诸般欢乐"。那个世界的教主就是阿弥陀佛。任何生活在"秽土"（即充满凡尘的世界）的人，只要信奉西方净土，常常念诵阿弥陀佛佛号，就能在死后得到阿弥陀佛或者菩萨的接引而往生这一世界。无论是极乐世界本身，还是这种简便易行的修持方法，对于生活在艰苦和动荡不安环境中的人民都具有极大的诱惑力，因而净土信仰长期以来一直是民间佛教信仰的主流。

隋朝的净土信仰与魏晋南北朝相比有过之而无不及，加之净土的"三经一论"在隋朝之前已全部译出，佛教艺术，包括石窟壁画中描写西方极乐世界美好景象的"净土经变"开始逐渐增多，该造像就是净土信仰的一种表征。

阿弥陀佛三尊像的塑造，采用失蜡法分别铸造、而后组合的方法，因而人物和护法狮的形象均纤毫毕现，工艺细腻。阿弥陀佛端坐于双层莲花座上，作说法的姿势，面容端庄，眉目清秀，身材匀称，形体曲线柔美。

阿弥陀佛的莲花座和身后的头光纤细精巧，花纹华丽。胁侍菩萨衣饰绮丽，璎珞、腕钏等各种饰物清晰可见。供养人和护法狮虽然也跻身于佛坛，然其形象缩得很小，这种大小的差别显然是为了突出佛与菩萨的主体形象，在一铺多尊式造像中也十分常见。

与此造型相似的隋代坛座式造像，存世的还有西安博物院藏"董钦造弥陀像一铺"（开皇四年，即584年）、美国波士顿博物馆藏"范氏造弥陀三尊一铺"（开皇十三年，即593年）。董钦所造像的鎏金保持完好，至今金光灿灿。以上三座造像均为隋代金铜佛像的上乘之作。

菩萨像

菩萨是梵文音译"菩提萨埵"的简称，译成汉语就是"觉有情"、"道众生"。佛教中的菩萨比佛更加令人亲近，他们以"我不入地狱谁入地狱"的精神，用种种化身来到世间普渡众生，解救众生的苦难。佛经中的菩萨都是男性，但中国的民众和艺术家在他们身上深情地倾注了更多的大慈大悲精神，于是他们的形象从南北朝开始逐渐向"男身女相"演变。唐代敦煌菩萨的身材婀娜多姿，曲线柔美，但有的脸上却画着一对蝌蚪形的小胡子，说明这是"男身女相"。唐以后，菩萨则完完全全转变为娇媚的女性了。

这尊造像，在佛教艺术中属于"供养菩萨"。供养菩萨是为佛陀的弘法服务的菩萨，她们的地位不如胁侍菩萨高。但人们可以把她们理解成年轻活泼的小女孩，她们在佛的身边，有的奏乐、有的歌舞、有的献花，为严肃的弘法增添了许多灵动

图23　唐菩萨像

和温情的气氛。由于佛经没有规定供养菩萨的"法相"，于是艺术家可以不受束缚地尽情创作，他们的姿态也就更加优雅多样。

我们眼前的这尊菩萨像由细腻的白石雕就，造型优美自然，体态丰腴、雍容华贵，洁白而细腻的石质将盛唐时期女性"丰肌秀骨"的特有美感表现得淋漓尽致。她穿着长裙，作半蹲半跪的"胡跪"姿态，双臂已残缺，我们不知她原本是手捧鲜花还是手持乐器，优雅的姿态使今天的我们难以接续手臂的其余部分，只能继续保持这种"残缺的美"了。站在这尊造像面前，突然想到中国传统艺术的确有着"写神"重于"写形"的审美传统，但是写起"形"来，功力也丝毫不弱。

迦叶木雕像

迦叶的姓名在梵文中读作"摩诃迦叶"，其中"叶"的读音为"shè"，不过如果读成"yè"也并无不妥。

迦叶是佛陀十大弟子之一，在佛教造像中，他的形象老成持重，与另一位年轻的弟子阿难一同站在佛陀的两侧，构成"一佛二弟子"的组合。他也是一个行者，一生中跋山涉水，饱经风霜，坚持不懈地四处弘法，因而见多识广，阅人无数，积累了远超凡人的大智大慧。

图 24　迦叶木雕像

这尊木雕，最引人注目的就是他意味深长的微笑了。木雕保存至今非常不易，虽然表面已风化剥落，但气韵犹存。迦叶脑门宽广，皱眉肌隆起，寿眉连颐，高鼻深目，双眼向下微睁，嘴角内敛，像是沉于思考又微带笑意。从作品中可以看出，雕塑家用刀纯熟老练，功力深厚，在寿眉之处顿挫有力，用刀劲利；眼睑和双唇处下刀则小心谨慎。经过艺术家的精心塑造,迦叶形象不失神圣庄重,但在气质上摆脱了宗教人物的神秘色彩,而是融入了更多普通人的情怀,更加富有人情味和亲切感。

这件木雕像原本是在雕刻好的表面蒙上细麻布,而后抹上一层白色的腻子打磨光滑,最后做贴金与彩绘,是一件金碧辉煌、色彩鲜艳的大作。但是由于年代久远,彩漆剥落,露出了褐色的木质纹理,结果反而显示出了另一种美感——由华丽的工艺美变成了木雕艺术的朴素美。

佛教艺术中,迦叶的形象一般为站姿。这尊胸像高100厘米,如果按照一般身高与头部尺寸的比例,他的身高应在5米左右。如果真是立像,那真的是极具震撼力了。

天王像

这尊天王像诞生于唐代。盛唐时期中国疆域辽阔,国力强盛,军队英勇善战,猛将如云。这尊天王像无疑参照了唐代将军的形象,他头戴兜鍪,身穿铠甲,腰间皮带紧束,胸腹肌肉凸起,双眼圆睁,充满威严、勇猛、正直和坚毅之气,显示出男子雄健的体魄,也再现出唐代武士勇猛善战的雄姿。他脚下匍匐着的是两个垂死挣扎的小鬼,渺小而丑陋,是被护法降服的"魔"。佛教中的"魔"并不是一般的鬼怪和破坏佛法的"外道"的魔。更多时候,它是我们的"心魔",我们狭小的心胸、我们对世事过多的忿恨都是心中的魔。

图25 唐天王像

这件作品体积不大,却很有力量和生命的活力,在天王紧束皮带的胸腹部,我们甚至可以感受到他因呼吸而出现的肌肉起伏。

图 26　唐天王像

这件作品整体造型简洁明快，细节刻画精致细腻，人物造型丰腴饱满，线条舒缓自然，体现了唐代雕塑艺术的高超水准。仅就天王的塑造而言，它不仅超越了前代，而且也将后代寺院中的天王形象远远地甩在了身后。

另一件上海博物馆陈列的天王像也具有同样的艺术水准，他脚下虽未踏"魔"，但他顶天立地，手握剑柄，神情威严，同样体现了大唐盛世意气风发的时代精神。

思惟菩萨铜像

这件思惟菩萨属于金铜佛像的范畴，金铜佛像又称"鎏金铜像"，即在青铜表面鎏金的佛像，一般形体较小，主要供人们携带作随时礼佛之用。这尊像的通高只有 11 厘米，在小型佛像中也属形体较小者。

思惟菩萨是佛教艺术中的一个常见题材，一般姿态是一手托腮、一手抚腿、头略低垂凝神静思。这种称为"思惟相"的菩萨主要流行于南北朝至唐代。这位菩萨是谁？关于这位菩萨的身世主要有两说。在朝鲜半岛和日本，思惟菩萨大多系指未来佛弥勒菩萨。而在中国，则多为成佛前的悉达多太子。佛教认为，佛陀前身是菩萨，佛是累世修行，经由菩萨的阶段上升而成的"果位"。

佛陀于公元前 565 年出生于古印度迦毗罗卫国，是国王净饭王的王子，本名乔达摩·悉达多，从小接受的是婆罗门学者的正规教育和未来国王的养成教育，但他一直在思考人生和宇宙的问题。二十九岁时为寻求解脱之道而出家，经过六年的修行终于大彻大悟，得道成佛。释迦牟尼既是佛教创始人，也是伟大的思想家。

这位思考状态中的菩萨应该就是悉达多，他此时身为太子，身穿轻薄贴体的天衣，佩戴着项圈和臂钏、腕钏，面相圆润，年轻而俊美。半跏趺坐于莲台上，神情凝重。艺术家抓住了菩萨思考中抬起头来的一个瞬间，把他的姿态定格了下来。

该像的雕塑手法洗练简洁，衣纹流畅富有丝绸的质感，身姿优美，表情的刻画尤为传神，无疑是唐代金铜佛像中的杰作。

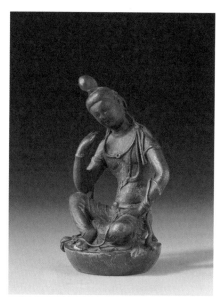

图 27　唐思惟菩萨铜像

中国古代交通工具——南船北马

— 郭青生 —

　　幅员辽阔的中国大地上因为地理差异而孕育出不同的生活方式和文化习俗，由于水陆差异带来的"南船北马"现象就是众多文化差异中的一种。古代的车马变迁中凝聚着劳动人民的智慧和社会生产力的进步，也蕴含着文人墨客的千愁万绪。本章中，主要介绍的是车和船的发展演变脉络，以及车船技术是怎样一步一步发展提高的，为大家深入了解车和船以及其间蕴含的故事打下一个基础。

　　车，在先秦时期与马紧密相连，是一个不可分割的整体，没有无马的车，也没有无车的马，当时所谓的"乘马"就是"乘车"，御车也就是御马，故在古籍上，常将车称为"车马"。

　　中原北方并非绝对不用船，而是北方多陆地，陆上道路发达，交通工具以车马为主；同样，南方也使用车马，但南方多河流，水路四通八达，舟船的作用远远大于车马。

　　"南船北马"，是历史上人们对于南方和北方交通出行方法和交通工具的高度概括，虽然并不绝对，但基本符合历史事实。

　　有意思的是，有着2200多年历史的淮安，还真曾是南船北马交汇之地，明清时期与运河沿线的扬州、苏州、杭州并称为"四大都市"，并享有"壮丽东南第一州"之誉。清朝规定运河只允许漕运船只北上通过，而旅客必须舍舟登陆，在此进行"南船北马"交通方式的变更。至今，那里的御码头还立有"南船北马舍舟登陆"的碑石，记录着那一段历史。

一　车马

　　中国是世界上最早使用车的国家之一。根据历史传说，中国用车的历史可以追溯到五千多年前的黄帝时代。《史记》中记载，"黄帝者，少典之子，姓公孙，名曰轩辕。"如果将"轩辕"分解成两个单独的汉字，"轩"指古代一种前顶较高并有帷幕，供大夫以上级别官员乘坐的车；"辕"则为车辀，即车前部供牲畜或人拉拽的长杆，是车的部件之一。因此，"轩辕"

这个姓氏明显与车辆直接有关。北宋编辑的《太平御览》中说，"黄帝造车，故号轩辕氏"。《汉书》也记载"昔在黄帝做舟车以通不济"。意思是当年制造了车辆舟船，可以通往以前不能到达的地方。但黄帝时代毕竟是神话传说中的时代，年代久远，并没有发现遗址等实物依据。

还有一种说法，认为中国的车是在夏代发明的。《左传》记载，夏代职掌车服诸事的"车正"（职官名）奚仲发明了车。传说奚仲姓任，是黄帝之后，春秋薛国的始祖。《左传》《荀子》《说文解字》《通志·氏族》及《纲鉴易知录》等也均有相关记载。但是，夏代的车，无论是实物还是遗迹至今也尚未发现。

从考古发现来看，中国的车在商代晚期已经出现是毫无疑问的了。在商代初期或者更早的年代，一定存在一个较长的萌芽发展阶段。

中国古代车的发展，从商代开始直到晚清，以两汉为节点，可分为两大阶段。

1.商周的车

商代的车，考古出土的数量已不下几十辆，主要发现于商朝都城殷墟的一些贵族大墓中。这些墓主生前以车代步，死后在另一个世界也依然与他们的爱车形影不离。跟车一起殉葬的，还有驾车的马和马夫，随葬的人和马有的活着被埋进墓葬，有的被杀死后下葬，实在是奇惨无比。但也正因为如此，才客观地留下了珍贵的历史遗存，让我们今天得以了解商代车马的真实状况，包括车的结构和装饰，以及人和车马的关系。

（1）安阳殷墟孝民屯 M7 出土商代车马坑

1972 年发掘，坑里埋葬着一车二马一人，马在车辀的两侧顺着同一方向而卧，人压在车舆后部两轮之间，车的结构略有变形，但没有遭受任何破坏。根据复原想象图，可以看出这辆车造型美观，结构牢固，车体轻巧，运转迅速，重心平稳。

殷墟和其他地方考古出土的商代车马造型与这辆车基本相像，车厢形状

图 1　安阳殷墟孝民屯 M7 出土车马坑

图 2　安阳殷墟孝民屯 M7 出土车马复原想象图[注1]

大致相同，车厢宽度根据实测尺寸大约在 94 厘米到 160 厘米之间，车轮直径约 120 厘米至 160 厘米。车的俯视图与商代青铜器铭文也大体相同，铭文甚至将车衡上架在马颈上的"轭"也精确地描摹了下来。

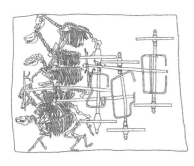

买车舻

羊圃车舻

吊车舻

图 3　商代青铜器铭文[注2]

从出土的车马来看，商代的车根据车厢大小，可分为大型车和小型车两种，车型的形状基本为长方形。为便于驾驭和乘坐，车厢一般左右宽，前后进深浅。车厢在古时称作"舆"，多用方木做底架，四面围较低矮的栏杆，前端装一根横木，叫"轼"。车厢底下横向装轴，轴一般以坚实的圆木制成，以支撑全车的重量。轴的两端较细，末端安装车轮。车厢底下纵向装辀（即车辕），辀向前伸出、到一定长度后向上昂起高于马颈后再平垂前伸，末端装衡。衡上装双数的轭，轭架在马颈上拉车。

商代的车都是独辀，因此拉车的马都是双数。

商代车的形制对后世影响很大，整个商周时代的车都是对商代车的改良型。

（2）宝鸡茹家庄西周弓鱼国墓地 BRCH₃ 车马坑

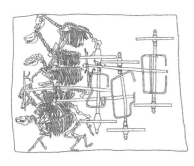

图 4　宝鸡茹家庄西周弓鱼国墓地
BRCH₃ 车马坑[注3]

西周的车马坑也出土了几十座，以宝鸡市郊茹家庄西周弓鱼国墓地编号为 BRCH₃ 的保存最为完好。这个车马坑内一共放置了三辆车，经过精心剥离，全部结构被清理了出来，它的车轮直径 120 厘米，轮辐 20 根，车厢宽度约 101 厘米。其余地区出土的西周车马车轮直径在 110 厘米至 140 厘米之间，车厢宽度最大者为 164 厘米。

春秋战国各地也有许多车马坑，由于社会变化，新贵族兴起而礼崩乐坏，诸侯王墓葬中随葬车马的数量也很庞大。临淄后李文化遗址可视为典型。

（3）淄博临淄后李春秋文化遗址车马坑

1990 年，为配合济青高速公路建设，山东省文物考古部门在淄博的临淄后李文化遗址发掘了一处春秋时代的大型殉车马坑，其中一号坑出土有春秋殉马坑，内殉战车和辎重车 10 辆，马 32 匹，规模之大，配套之齐全，马饰之精美，为当代全国之冠，此遗址因此被列入当年全国十大考古发现

图 5　临淄后李春秋　　　图 6　临淄中国古车博物馆车马展示想象图
　　文化遗址车马坑

之一。1994 年 9 月 9 日，该遗址辟建为"临淄中国古车博物馆"。

（4）马家塬遗址出土战国车马

2006 年 8 月，从甘肃天水马家塬战国中晚期墓葬的两座墓坑内发现并清理出 10 辆与众不同的豪华二轮马车，这在国内尚属首次。在一号和三号墓葬内各有 5 辆车随葬，其中墓道 4 辆，墓室 1 辆。档次最高、装饰最豪

图 7　马家塬战国墓马车复原品

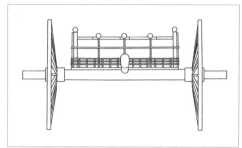

图 8　辉县出土战国车上所见车轮结构[注4]

华的一辆车在墓室内，饰以锚金银的铁条和铁牌饰，在车的侧板上有用金铂、青铜制作而成的虎和大角羊等动物图案作为装饰品。

春秋战国的车，基本保持了商代车马的基本形制，但质量上有了很大提高。战国一些考究的车马，车轮经过改良，轮辐向内偏斜，从外侧看，整个轮子成为中心内凹的浅盆状。这种做法可以使轮辐形成内倾的分力，车轮不易脱落。而且遇到道路不平的情况时，可使车辆不易翻倒。

春秋战国时期，车马出现了明显的用途专门化趋向，基本可分为乘车、兵车和栈车三大类型。

乘车

贵族士大夫乘坐的小车追求灵便轻巧，舒适豪华，车上的装饰，如木质的髹漆、螺钿镶嵌等，以及青铜的装饰部件等均不惜工本。有的车本身异化成了漂亮的工艺品，就像马家塬出土的车一样。

从商周出土的车马的结构可以推测出，当时二马共驾一车，必定灵巧而快速，贵族们驾车出行风行一时。孔子教学中的"六艺"也包含驾车的技术。因为，驾驭两匹马或四匹马拉的车，需要很高的技术。

图 9　商周小型车驾驭与乘坐形象复原图[注5]

四匹马有六根缰绳，如何拐弯、如何减速加速，都需要专门的训练。而且御手伺候王孙贵族上车还得有专门的礼仪。乘车是为了社交，乘在车上也有风度的要求。当时的车厢很小，道路也不平整，跽坐很不舒服，因车厢栏杆很低；站着乘车也不甚方便，还需要经过训练。因此六艺中的"御"是一门专门的学问。由于车存在种种不便，秦汉之际人们在需要快速出行时，乘车就逐渐让位于骑马了，而车厢宽敞的车也随之出现。

兵车

春秋战国时期，中原各诸侯国盛行车战，车战的基本作战单位是"乘"。乘是以战车为中心配以一定数量的甲士和步卒（步兵），再加上相应的后勤车辆与徒役的组合，犹如现代军队装甲兵与步兵协同作战的配置一样。四马两轮式战车是中国车战的定型用车。战车每车载甲士三名，左方甲士持弓弩主射，名为"车左"；右方甲士执戈（或矛）主击刺，名为"车右"；居中驾驭战车的御者为一车之长，决定战车的走向和速度。作战中，敌我

图 10　战车乘用复原图[注6]

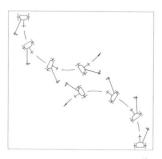

图 11　车战时"左旋"示意图[注7]

战车远时双方弓箭对射；迎面冲击时，双方往往同时采用"左旋"战列，方便右方甲士击刺和砍杀。战车的多少成为衡量一个国家国力的重要标志。"百乘之国"拥有战车上百辆，属于小国；"千乘之国"则拥有战车上千辆，属于大国。战车对车的要求更高，追求结构可靠灵便，车辆的材料坚固耐用，便于作战。

栈车

栈车又称"役车"，指车厢面积较大，既可载人又可载物的客货两用车。这种车是随着商品贸易发展，城市经济繁荣，商贾货运的实际需要出

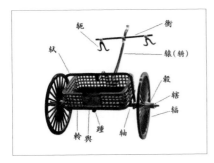

图 12　车马结构以及各部位名称示意图

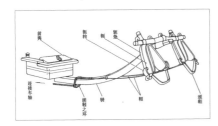

图 13　辀与衡的细部^{注8}

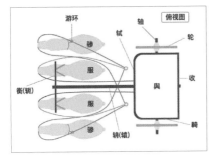

图 14　车与马的关系

现而诞生的。运输货物的车既有马车也有牛车。因庶民使用的车不会如贵族的小车那样成为随葬品，遗留至今的实物资料很少。春秋战国时代，造车技术已经高度发达。《墨子》说，春秋各国造的大车，能装五十石谷子并运转灵活，即便长途运输，车轴也不会弯折。成书于春秋晚期的《周礼·考工记》中也有关于制车（包括车辆各部件方法制作）的记载。

现在，我们将先秦车的基本结构做一个简要的总结。

如图所示，舆即为车厢；轸，舆的栏杆；轼，舆前供手扶的横木；轴，支承车轮的横杆；踵，上车用的踏步；毂，车轮的中心部分，有圆孔以套轴上；辐，插入轮毂以支撑轮圈的细条；辖，插在轮外侧轴上、以防车轮滑脱的插销；辀，车前弯曲的独木车辕，用以驾马（古车用以驾马、单根的辕称为"辀"，双根的和驾牛的辕称为"辕"）；衡，车辀头上用以连接轭的横木；轭，驾在马或牛颈部上的曲木。

2.秦汉的车

秦汉是我国车马发展的重大变革时期，秦代的车继承了商周车马的基本形制，仍以独辀的车为主，但出现了双辕的车。

（1）秦始皇陵1号和2号铜车

这两辆车比任何车马坑出土的车都要完整，更难能可贵的是出现了御手，为我们提供了了解先秦车马的详实资料。根据《续汉书·舆服制》刘注引徐广"立乘曰高车，坐乘曰安车"的说法，1号车应是站立乘坐的

"高车"，2号车为坐乘的"安车"。1号车上配备有多种兵器，应当属于兵车；车上安装的伞盖可以拆卸，表明该兵车的等级不低，从伞盖的安装中还可了解先秦车辆伞盖安装的结构。安车是一种乘坐比较舒适的车，车厢宽大，四面封闭，后侧设门，两侧设有可推拉的窗。按文献记载，安车主要供女性乘坐，但这辆安车形制结构考究，估计秦始皇数次出行时所乘用的就是这类形制的车。从这两辆车上，我们还能了解到先秦时期车马制作的精湛工艺，以及先秦独辀车的驾车方法。

图 15　秦始皇陵 1 号铜车马[注9]

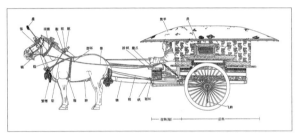

图 16　秦始皇陵 2 号铜车马[注10]

与车紧密相关的是道路。道路与车马的发展是互动着同步进行的。先秦车战的盛行也以道路便捷、平坦地形较多为基础。西周时期，把只能通行一辆车的路称为"途"，可并行三辆车的称为"路"。战国时期的陆路交通发达，在魏国、赵国、齐国有许多纵横交错的大道，通称"午道"。秦始皇统一天下后，采取了统一车轨和修驰道这两项重大举措。

统一车轨即"车同轨"。从出土的商周车马可知，车的轮距大约都在160 厘米至 260 厘米之间，春秋战国车的轮距则基本以 180 厘米到 200 厘米为多。车在路上行驶会压出车辙，而车辙中的地面比其余路面硬，因而后车套着前的车辙走会因阻力小而速度快，但轮距尺寸不同的车就很难在这两道车辙痕中行驶。车的轮距，各诸侯国历来不统一，而且为了防止他国入侵，有时还故意将自己的轮距设计得与他国相异。秦始皇以国家的力量要求"车同轨"，就是要求车的轮距一致，这对于提升道路的通行速度具有非常重要的意义。

驰道是中国历史上最早的"国道",始于秦朝。秦始皇统一全国后的第二年（前 220），就下令修筑以咸阳为中心一并通往全国各地的驰道。著名的驰道有九条，有出今高陵通上郡（陕北）的上郡道，过黄河通山西的临晋道，出函谷关通河南、河北、山东的东方道。秦驰道在平坦之处，道宽五十步（约六十九米），路基高出两侧以利排水；道路每隔三丈（约七米）栽一棵树，道两旁用金属锥夯筑厚实，路中间为专供皇帝出巡车行的部分。可以说，这是中国历史上最早的正式"国道"。

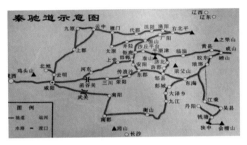

图 17　秦驰道分布示意图

（2）秦代的双辕马车模型

秦代车马变革中最引人瞩目的是出现了双辕的车。这类车于 20 世纪 70 年代在陕西凤翔八旗屯发现了一辆，是双辕的牛偶车模型；1993 年 6 月，于湖北荆州周家台 30 号秦墓中又发现了一辆，年代为秦二世元年（前 209），也是双辕的木偶车。

车马从独辀到双辕是造车技术上的重大进步，首先，双辕车的辕与车厢的结合更加坚固，使用材料也可更加轻便；其二，双辕车改变了独辀车至少系驾两匹马方能行走的局限，使单马拉车成为可能，也使驾车的技术大为简化；其三，独辀车以立乘为主，而双辕车则可坐乘，且以坐乘为主，乘车更为舒适。

图 18　湖北荆州周家台 30 号秦墓出土的双辕木偶车[注 11]

汉代车战已被骑兵、步兵协同作战替代而退出历史舞台；快速出行人士也大多由乘车改为骑马，车的发展受到了社会风尚的影响而发生了新的变化。

由于西汉时不再以真实的车马殉葬，故车马坑已不复见，车的形制只能从出土的模型和墓室壁画、画像砖上的"车马出行图"进行间接的了解。通过这些资料和文献的记载，我们得知，从西汉开始，古代的车进入双辕车大发展的时期；东汉以后，双辕车便基本上取代了独辕车。

汉代车的种类繁多，官员乘坐的车主要有轺车、施辀车和轩车；贵族女性以及长途旅行用的有辇车、辎车；民间运货载人的则有栈车等。

其中轺车是一种轻便快速的小马车，汉初时立乘，后来改为坐乘，结构简单，行驶速度快；施辀车是在车舆两侧加装防尘板状物的车，供中高级官员乘坐；轩车是车厢两侧有贵重材料作障蔽的车，供三公和列侯乘坐；辇车是一种车厢四面带帷幔的篷车，多为贵族妇女乘坐；辎车也是一种双曲辕驾单马的带篷车，车门设在车厢后面，适用于长途旅行乘坐。

最后是栈车，车厢较长，其上覆盖篾席卷篷，前后无挡，为民间载人兼拉货的车，这种车多用牛拉拽。

（3）汉代双辕马车模型

这辆车属于轺车。轺车是一种轻巧便捷的小马车，车轮高大而轻便灵巧，行驶速度快，供贵族阶层出行乘用。

御手跽坐于左侧，符合文献记载的"左，左人，谓御者"的规定。汉代轺车，等级分明，乘坐者的级别以伞盖的材质和颜色表明，二百石以下官员用白布盖，三百石以上用黑布盖，千石以上用黑缯盖，王用青盖，皇帝用羽盖。该车伞盖黑色，材质不明，其主人当为六百石至千石的官员。

图 19　汉代彩绘木轺车　甘肃省博物馆馆藏

东汉和三国时期，农村出现了独轮车。独轮车结构简单，两个把手前端设一车轮，把手间加横木形成框架，上面载物或坐人，轮两侧有立架护轮。行车灵活轻便，一般只要一人推动，

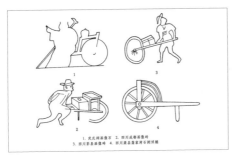

图20　画像砖与画像石里的独轮车^{注12}

图21　清代的独轮车

如车载过重，还可以在车前加一人拉拽，非常适于在乡村田野、崎岖小路和山峦丘陵起伏地区使用。独轮车是中国古代交通史上的重大发明，历两千余年而未绝迹，至今仍活跃在一些山野和乡村中。

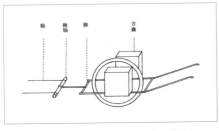

图22　木牛流马结构示意图^{注13}

三国时，诸葛亮北伐时，创制了"木牛流马"，由士兵推着，随军携带粮草辎重，一车可载一士兵一年的口粮，约250公斤。其实木牛就是一种特殊的独轮车，非常适用于崎岖狭窄的山路，使军粮运输的问题得以解决。

3. 汉代以后的车

　　三国以后，牛车的使用越来越多。牛车的车厢历来比马车大，乘坐也比马车舒适，只是出于礼仪上的缘故，牛车的身份大大低于马车，不堪贵族士大夫乘用。因此，先秦至汉代的牛车，主要用于民间运货或载人。三国两晋之际，牛车不断得到改良，原本比较宽大的车厢中，增添了凭几等用具，乘坐者有了靠背，坐姿舒服。加上牛车车厢有围，乘坐者即便在里面躺卧也不失风度。虽然牛车的行走速度比不上马车，但扬起的灰尘也更少。牛车的优越性充分体现了出来，受到了士大夫阶层的青睐，魏晋南北朝时期，贵族士大夫崇尚"慢生活"，相应地出现了装饰华丽的高级牛车。《颜氏家训》所说的"梁世士大夫皆尚褒衣博带，大冠高履，出则车舆，入则扶持"的"车舆"即为牛车。对于褒衣博带的贵族士大夫来说，牛车实际上是最舒适的交通出行工具。以至于乘坐牛车成了两晋南北朝之际南方士大夫中盛行的风气，豪门贵族以出门乘坐牛车为尊，乘坐马车会被轻视，崇尚牛车之风则越演越盛。在晋、齐、梁的车舆礼制中，甚至制定了乘坐牛车人的等级及使用范围。东晋及其以后，乘坐牛车的风气尤为盛行，而且成为一种制度，史籍多有记载。魏晋人的笔记小说里更是常见"出门见一犊车，驾青衣""乘犊车，宾从数十人"的描写。

（1）南京象山 / 东晋大墓出土陶牛车和陶俑群

1970 年，南京东北郊的象山七号东晋大墓出土了一批精美的文物，其

图 23　南京象山东晋大墓出土陶牛车和陶俑群　南京博物院收藏

图 24　陶牛车内凭几

中的大陶牛车和陶俑群是迄今六朝考古发现中最大最精美的一组。这组文物共14件套，由陶牛、陶车及陶俑组成，均为灰陶质。这组俑群再现了当年世家大族子弟及士大夫们起居出行的情况，以及他们"饱食醉酒，匆匆无事""驾长檐车""从容出入"，奴婢成群，豪华享乐的生活。这组陶牛车与俑群从一个侧面反映了当时的社会习俗，是研究东晋出行制度以及车舆情况的珍贵实物资料。牛车的车厢中，可见凭几。凭几，为踞坐时凭倚而用的一种家具，形体较窄，高度与坐身侧靠或前伏相适应。

图25　北齐陶牛车　国家博物馆收藏

图26　唐三彩牛车　陕西历史博物馆收藏

（2）北齐陶牛车

南北朝时期，牛车盛行于江南和中原辽阔的大地。该车1955年于山西太原出土，时代为北齐。车厢为长方形，前端有窗，后边开门，顶上是长长的卷棚。该车适合坐乘，乘车者可坐观窗外景色，车轮厚实，行走稳当。

（3）唐三彩牛车

这套牛车于1960年在陕西铜川耀州出土。车施翠绿色釉，车厢为长方形，前有帘，顶为半圆形篷盖。牛肥壮，足短而粗，双角直立，神态自然生动。现收藏于陕西历史博物馆。

唐人除乘马车外，亦习用牛车，如唐李寿墓、阿史那忠墓、李震墓壁画中都有牛车

图27　唐阿史那忠墓壁画中"牛车出行图"和该图白描[注14]

图，文献中亦不乏朝官、妇女使用犊车的记载。

宋代的车，在日常生活中使用得更加广泛，牛车依然是车的主流。上层人士，包括官员及其眷属、士人等乘坐的车车厢更加宽大，车顶更高，装饰豪华，车厢前后有围栏。车轮也变得更加高大，要用两头牛拉拽。平民百姓用的载人载货车的车身也变得更长，车顶为芦席制作的卷棚顶。在大量使用牛车的同时，还出现了驴、骡拉的车。

宋代车的资料以张择端的名画《清明上河图》保存的最为完善，画中以高度写实而细腻的笔触，为我们了解宋代车辆的样式、用途以及与社会生活的关系提供了最为详实的资料。

（4）《清明上河图》中上层人物使用的高大牛车

从图中可见，这种车装饰豪华，车顶犹如房屋的卷棚歇山顶，车的前后有栏杆，车轮比人更高，乘坐舒适，随车亦可运载大量行李货物。车身沉重，为双牛拉拽。

（5）《清明上河图》中客货两用牛车

这种牛车的车身庞大，车厢顶部为芦席制成的卷棚式顶，装饰简单，货物运载量大。为使用多头牛拉拽，车辕做了一定的改良。

《清明上河图》中驴、骡拉的车，形状与用途均与牛车无异，在《清明上河图》中也有其形象。

宋代以来，车的式样保持稳定，一直使用到明清时代。

除了马车，中国古代还有轿和马等交通工具。轿子的发明与车有关，在车不能行的地方用轿代

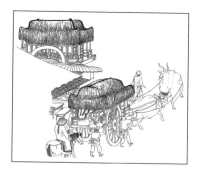

图 28　宋张择端《清明上河图》中上层人物使用的牛车注15

图 29　宋张择端《清明上河图》中的货运牛车注16

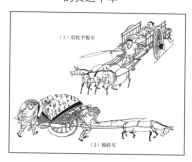

（1）双轮平板车

（2）独轮车

图 30　宋张择端《清明上河图》中的驴车和骡车注17

图 31　清徐扬《乾隆南巡图》中的马车

替，因此轿又称"肩舆""平肩舆"。"轿"这个字也归属于"车部"，是"车"字旁。"轿子"之名，据说始于宋代。宋代以及宋以后北方的官员、贵族包括女眷都有乘坐轿子的习惯。

在古代社会的等级制度下，轿子在使用上有着严格的等级规定。《明会要·舆服上》规定："文武官例应乘轿者，以四人舁之。其五府管事、内外镇守、守备及公、侯、伯、都督等，不问老少，皆不得乘轿。违例乘轿及擅用八人者，奏闻。"清代的宗亲、朝臣、命妇等达官显贵乘坐轿子也有严格规定，不准逾制。三品以上及京堂官员，轿顶用银，轿盖、轿帏用皂，在京时轿夫四人，出京时轿夫八人，四品以下文职官员轿夫二人，轿顶用锡等。

民用轿子一般分为自备轿与营业轿两种。自备轿多属官绅富裕之家，随时伺候家庭成员出行。营业用的轿子则花钱雇用即可享受服务。轿子在使用上还分夏天用的凉轿和冬天使用的暖轿两种，凉轿轿厢较小，通风凉爽；暖轿则厚呢作帏，有的里面还放置火盆取暖。还有一种花轿主要用于婚姻典礼，此时的花轿是新娘嫁入新家的礼仪性交通工具。

用于骑乘的马，历来也是重要的交通工具。先秦时期，马主要用于驾车，战国时期赵武灵王"胡服骑射"之后，中原地区出现了骑马作战的骑兵。汉代骑马逐渐成为与乘车并行、但比车快捷的交通方式。魏晋时期，发明了马镫，马镫固定在马身上，骑马者双脚踩于马镫中，可不必担心跌下马背，骑马变得舒服起来，乘马出行也变得更加方便。唐代，社会风气豪迈，骑马出行旅游的情况比任何一个时代都普遍，马具也变得更加丰富多样。宋代以后骑马者渐少。但纵观中原北方数千年交通工具的演变，马始终没有退出历史舞台。

二 舟船

我国南方的水系高度发达。长江流域横跨中国东部、中部和西部三大经济区，流域总面积180万平方公里，占中国国土面积的18.8%，以河流水系构成的水路四通八达。珠江流域仅次于长江流域，面积约 44 万平方公里，是黄河年径流量的 6 倍。

由于地理环境的缘故，舟船成为南方的主要交通工具。

船的前身是各种浮具，包括竹筏和木筏。在此基础上发展出了用桨划行的独木舟。用木板拼合而成的木板船大约出现于商周时代，这是严格意义上的船，其出现具有划时代的意义。风帆起源的时代不详，但秦汉已经逐渐成熟。此时，还出现了控制船行方向的舵，在此之前则主要靠船尾的橹。约在晋代，船舶开始采用水密隔舱的技术。

隋唐之际，为适应不同水域的航行，出现了沙船和福船，并逐渐成为中国著名的船型。

1. 从原始社会到先秦：造船技术的萌芽和早期阶段

新石器时代是舟船发展的萌芽时期。在南北多地的新石器时代遗址中发现了舟形的陶器，从造型看，它们都与舟船有联系，有的甚至就是舟船的仿制品。其中最典型的是宝鸡新石器时代仰韶文化遗址出土的船型彩陶壶，陶壶腹部两端上翘，壶身中央装饰着网纹，好似正在晾晒的渔网。这应该就是仿照渔捞之舟而制作的陶器了。

图 32　仰韶文化船型彩陶壶　国家博物馆收藏

原始独木舟的遗存也在新石器时代的遗址中有所发现。2002 年 11 月，在杭州萧山跨湖桥遗址中发现了距今 7600 年到 7700 年间的一艘残存独木舟，舟残长为 5.6 米，船头下底面以圆弧的形式上翘，上部保留 10 厘米至 13 厘米宽的残损"甲板"，船体厚度为 2.5 厘米左右；船"舱"用火烧的方法挖凿而成，最大深度为 15 厘米。由于长期使用，独木舟的表面已被磨得非常光滑。在找到独木舟之前，还发现了较为完整的木桨。

图33 跨湖桥遗址
的独木舟

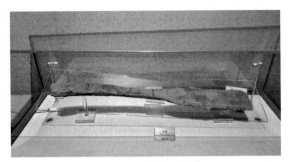

图34 跨湖桥遗址木桨

在距今7000年前的浙江余姚河姆渡
文化的河姆渡遗址中也发现了六支船桨，
在邻近不远的田螺山遗址出土了一件完整
的独木舟模型。独木舟模型用整段圆木雕
凿，全长35厘米。尖头、尖底，中段挖
凿出长约25厘米的椭圆形船舱体，尾端
为近方形。这是一种比较成熟的船体形
态，显然已脱离了独木舟原始的形态。

图35 河姆渡文化田螺山遗址出土
独木舟模型

　　独木舟是一种原始的船，它由整根树
木制成，因此大小受到树木直径的制约。独木舟在水中航行的稳定性也较
差，而且载重量非常有限，因此在使用的实践中，会向木板船的方向演变。
根据古文献的记载，我国木板船大约在商代就已出现。商代甲骨文中有许
多"舟"的写法，而"舟"这个字，显然是木板船而非独木舟的象形描述，
它有纵向和横向的构建组成，横向的构建当为船的隔
舱，增加了船体的坚固度，而且能使纵向的木板连接
成更长的船体。表明当时木板船制造的技术已经相当
成熟，已经成为水上的交通工具。

　　西周时期，已经出现了按官阶和身份等级使用舟
船的制度。《尔雅》记载有："天子造舟（用船搭浮桥），

《殷契粹编》1059　　《殷契粹编》901

图36 甲骨文中的"舟"

图 37　春秋战国青铜器纹饰中的船　取自于上海博物馆藏战国"宴乐狩猎水陆攻战纹壶"

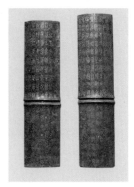

图 38　鄂君启金节

诸侯维舟（并联四舟），大夫方舟（二舟并联），士特舟（单舟），庶人乘桴（筏）"。当时东南沿海和长江流域一带的"蛮夷"都普遍使用舟船，百越人尤其以善于造船而著称。

春秋战国时期的吴楚两国，水运和造船技术受到高度重视。吴国是个"不能一日而废舟楫之用"的国家，吴王夫差于公元前 486 年开掘邗沟，沟通江、淮水系；公元前 484 年，开掘深沟，把江淮河济四条水道连接起来。楚国依仗江汉之利，在经济、文化、政治方面都得到发展，国力日渐强盛，逐渐占据了长江中下游的大片土地。郢都纪南城作为楚国水陆商贸路线的终点，其规模之宏大、商业之繁荣，更是令人瞩目。战国时期，楚怀王赐给鄂地的封君启"金节"作为运输货物的免税通行凭证。其中的"舟节"规定，鄂君使用船只的限额是 150 艘。自鄂出发，一年往返一次。水路的范围涉及今长江流域的大部分地区。凭此节通过各处关卡可以免税。由此可见楚国造船业和水运的发达。

春秋战国期间，各诸侯国之间的兼并战争频仍，水战的规模也越来越大。水战促进了战船制造水平的提升，尤其是快速灵活性的提高，也促进了船只类型的多样化。

2. 秦汉到明清：成熟与发展的造船技术

秦汉时期，随着江山一统，江河航运获得了充分的发展。这一方面体现在因各国割据而设置的关隘去除，实现了长江干支流的航行顺畅；另一方面体现在一系列运河水利工程的建设，打通了长江与淮河、黄河、渭河、珠江等水系，真正实现了"海内为一"的局面。各地风俗名物由此得以通行大江上下，而贩运贸易者竞相逐利，"重装富贾，周流天下"。

东汉以后，随着经济、文化重心逐渐南移，长江流域在中华文明发展中占据的地位越来越重要。密集的船舶和繁荣的港口带来的不只是货物的流通，更有人员的往来。

舟船的速度虽然比较慢，但货物运输能力远远超过车马，成本也更加低廉。对于古代的长途行旅者而言，舟船是最常用、最便捷的交通工具之一。在行旅长江、舟船夜泊的经历中，文人墨客们留下了无数脍炙人口、传诵千年的佳句名篇，而江上行舟与孤舟夜泊的场景也成为图像绘画之中常见的题材。

航道的通畅意味着市场的扩大，商品流通量的上升。唐宋以后，长江沿岸的许多港埠都得到了充分的发展，并出现了一些新兴的港口。南京港曾是明代的"东南之首"，而中游的汉口港则"后来居上"，成为清代长江流域最繁华的港埠。此外，还有泸州港、重庆港、沙市港、九江港等，无不是一番"万航鳞集"的盛景。造船技术的进步，推动了经济的发展，反过来，经济的发展也促使造船技术不断提升。

汉代以后，出土船只以及墓葬中的模型越来越多，为我们了解历代造船技术的发展提供了非常有意义的资料。

（1）长沙出土西汉木船模型

长沙出土西汉木船模型总长154厘米。船身由整木雕成，船底呈圆弧形。船身两侧有较高的护舷板，两侧各有8支船桨。船尾有用于操纵航向的桨一支。现藏中国国家博物馆。从这件船模来看，汉代的造船技术已经非常成熟，船舶载客和载货的

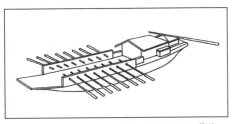

图39 长沙出土西汉木船模型线描图[注18]

专业分类应当已经出现。就这件船模而言，其甲板面积虽然不小，但除了船员的划桨等活动外，很难装载货物；而船的上层建筑，能够给乘坐者以舒适的环境；船底圆弧形，船桨多而长，航行速度快，因而更像一艘高速载客的船。这艘船没有尾舵，操纵横向是靠船尾的桨来实现的。船身两侧和首尾平板都有模拟的钉孔，这表明汉代造船时广泛地使用了铁钉。

（2）广州出土东汉陶船

广州东汉陶船在广州东郊东汉墓出土，陶质。全长54厘米，船身从头到尾架8根横梁，其上铺设甲板。甲板之下可能设有隔舱。横梁两头伸出船舷，可架设木板，供船员用作行船撑篙的通道。船上的上层建筑较多，占据了舱面较大的空间，应当比较适合载客做较为长途的旅行，故应为载客之船。停船固定船舶位置的是船首的碇而不是

图40　广州出土东汉陶船　上海交通大学董浩云航运博物馆

锚。两侧各安桨架三只，可装六支木桨。船尾已经安装了舵，可以灵活地控制船行方向，舵有舵楼。船上可见六名各种姿态的"船员"。以上两艘汉代船舶的模型，均表现出汉代造船成熟的技术。

（3）东晋顾恺之《洛神赋图》中的双体画舫

《洛神赋图》由东晋顾恺作，绢本设色。原作已失，现存宋摹本。《洛神赋图》是由多个故事情节组成的类似连环画的长卷，这一画面描绘了洛神乘双体画舫在洛水嬉游的场面。由图中可见，东晋已经出现了双体并联的船舶，该画舫即为双体连舫，船上高楼重阁，装饰华美。船以撑篙推进，尾部设有一操纵航向的桨。舫是一种航行速度较慢的船，适合乘坐游览。古代帝王贵族常常将这种游船加以华丽的装饰而乘坐游幸。双体并

图41　东晋顾恺之《洛神赋图》中的双体画舫[注19]

联的船身，一方面使甲板扩大一倍左右，同时也增加抗风浪能力，具有较

图 42　江苏如皋出土唐船

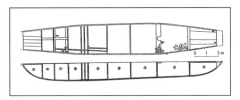

图 43　江苏如皋出土唐船线描图[20]

高的稳定性。

（4）江苏如皋出土唐船

1973 年 6 月发现于江苏如皋。船首、船尾残损，部分船舷、船底木质腐朽，但船身和船底大部完好，木纹和结构清晰可见。现存船身残长 17.32 米，宽 2.58 米。系货物运输船。船舷木板厚 40 ～ 70 毫米，船底木板厚 80 ～ 100 毫米，船体内用木板隔成 9 个船舱，上覆甲板。船上原设有一根桅杆，现残长 1 米。

这艘船最引人注目的是应用了水密隔舱的技术。这种技术大约出现在晋代，唐代时也许已经普遍使用。对船的结构而言，水密隔舱是船体重要的安全设计，当船舶遭遇意外部分破损进水时，其他尚未受波及的水密隔舱则能保持船舶的浮力，减少立即下沉的风险。此外，水密隔舱还能将船体区隔为多间独立舱室，增加船舶的用途。

宋元之际，我国船舶的水密隔舱技术蜚声中外，其抗沉没性尤其深受各国商旅的赞誉。欧洲到十八世纪才出现这种技术，晚于中国数百年。

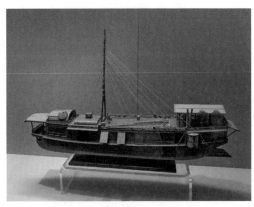

图 44　《清明上河图》中的汴河客船模型
上海中国航海博物馆

国外研究者认为，水密隔舱在中国的应用与中国盛产竹子并受到竹节的启发有关。

（5）北宋汴河客船

张择端在他的不朽名作《清明上河图》中精确而生动地记录了北宋汴京（今河南开封）的城市面貌和当时社会各阶层人民的生活状况。他的长卷中不仅有车马的详实描述，还有许多在汴河中航行的船舶，计有客船 11

艘、货船 13 艘，每艘船的描绘均非常细腻，为研究宋代的造船技术提供了珍贵的资料。

这应当是往来于南北各地的一艘客船，船身宽大，布局合理，具有较大的载客能力。船上的桅杆在穿越桥洞时可随时放倒，有效减少了内河航行中难以避免的桥梁等障碍物的限制。客舱两侧舷窗宽大，采光、通风俱佳，乘坐舒适。客船与货船在构造、形态方面的重大区别，反映了宋代经济的繁荣以及造船技术的高度成熟。

南方地区，尤其是江南一带村镇的景观，最大的特点是"小桥流水"。几乎所有的村庄和城镇，人们都选择在水边，沿着河流而建，特别在京杭大运河沿岸，或是在它的支流沿岸上，更是村镇密布。船是这里最重要的交通工具。丰富的水资源给这些村镇带来了物流和人员交通的高度便捷。

图 45　清徐扬《姑苏繁华图》局部

（6）《姑苏繁华图》姑苏城中的航船

从清代徐扬《姑苏繁华图》中，表明船跟人的生活的关系特别密切，绘画中可以看到苏州市区街道的河道里布满航船，人与船须臾不可分离。

明清时期，南方小船的种类繁多，数不胜数。明代仇英《浔阳琵琶图》里的游船，讲的是唐代故事，实际描绘的却是明代的景观。

图 46　明代游船　仇英《浔阳琵琶图》

这是清代《广州政绩图》中的插图，描绘的是广州一带的座船，这种船在江南一带十分流行。乘坐者如是文人雅士，在船上可温酒小酌，观景会友，十分惬意。如果是画家，行船观赏山水也一定会和骑马观赏山水者产生不同的感受，绘画的风格可能也会有所差异。

这是当代浙江的"乌篷船"，也就是鲁迅先

图 47　清代《广州政绩图》注21

生笔下的船，船夫熟练到可腾出双手，以脚划桨，已经进入了物我合一的逍遥"化境"了。

图 48 乌篷船

3. 中国三大船型

中国地域辽阔，为适应不同海域的特点，出现了不同的船型。隋唐之际，出现了沙船和福船，明代因抗倭的需要，又出现了广船。这三种类型的船由于其优异的适航性，逐渐成为古代著名的船型，为内河航运和海上丝绸之路的繁荣奠定了坚实的基础。

图 49 封舟模型

上海交通大学董浩云航运博物馆。这艘"封舟"的船型即为福船。"封舟"是清代指正在执行出使琉球进行册封使命的船，船上乘坐着带有皇帝敕书的使者。

（1）福船

福船是福建、浙江沿海一带尖底海船的统称，船型多样，用途广泛。福建造船业始于春秋时代。吴王夫差曾在闽江口设立造船场。宋代福建福州、兴化、泉州、漳州已成为重要的造船中心，此时出现了单龙骨的尖底船。根据《宣和奉使高丽图经》所记载，宋代的船"上平如衡，下侧如刀，贵其可以破浪而行"。这些特点有利于蓝色海域中的远洋航行，也奠定了后世福船船型的基本特征。

（2）沙船

沙船是发源于长江口及崇明一带的方头方梢平底的浅吃水船型，多桅多帆，长与宽之比较大。

沙船的历史可追溯到南宋时期，当时称"防沙平底船"，元代称"平底船"，明代通称为"沙船"。由于平底，船身吃水浅，因而既能在海洋航行，也能够在水深较浅的水道中航行。

图 50 沙船模型

上海交通大学董浩云航运博物馆

沙船的主要特点是多桅多帆，故能调戗使斗风，即顺风、横向风，甚至逆风顶水也能航行，但逆风航行时必须走"之"字形航迹。此外，船身两侧安置有"披水板"，风浪大船舶剧烈颠簸时，可放下插入下风一侧的水中，减轻船舶的横向漂移。沙船还备有竹制"太平篮"，平时悬挂船尾，遇风浪时装石块放置水中，以减少船舶的摇荡。

十五世纪初，郑和七下西洋所用的宝船长约150米，张12帆，是最大的沙船。

（3）广船

广东一带历来是中国造船业的中心之一。战国时期，南海郡的番禺县（今广州）是造船的重镇。唐宋时期，广州、高州（今茂名）、琼州（今海口）、惠州、潮州等地均出现了发达的造船业。明代东南沿海，军民因抗倭的需要，将其中东莞的"乌艚"、新会的"横江"两种大船进行了改造，增加战斗设施，成为性能良好的战船。这些战船统称"广船"。

广船的帆形如张开的折扇，这是广船主要的特征。为了减缓摇摆，广船底部采用了深过龙骨的插板，插板同时也具有抗横漂的作用。广船的舵叶上开有许多菱形的孔，使操舵变得更加轻捷。

图51　广船模型
上海交通大学船舶数字博物馆

4.古船的动力及航行工具

（1）风帆

汉代的《释名·释船》对帆的定义是"随风张幔曰帆"。帆的功能是依靠风力推船舶前进。中国船的帆由不同材质制成，分软、硬两种。制作材料为布的帆称"布帆"，属于软帆。竹篾或草编的帆，属于硬帆。此外还有席帆，硬度介于软帆、硬帆之间。其中竹、草编成的帆，又可叫"蓬"。实践中，人们常常也把帆笼统地叫作"帆蓬"。软硬两种帆的最大区别体现在收帆之时：软帆可以折叠也可卷，而硬帆只能折叠；但当船只遭遇风浪时，硬帆可以迅速降下，具有一定的优越性。

帆有不同的造型，既有矩形帆，也有扇形帆，也有形状介于两者之间的帆。早期的帆，悬挂后帆面正对船头，不能转动调整角度，因此只能利用顺风航行。大约在东汉时，出现了可以转动的帆，可以利用不同方向吹来的风。汉代还出现了多桅多帆。这种设置使得帆总面积增大，可以更高效率地利用风力驱动船舶前进；更重要的是，各帆可以根据需要调整角度，以利用八面来风，甚至逆风行船。其原理是，将每一面帆与船的纵轴构成一个斜角，风吹在帆上，反射、聚拢形成一股推进船舶前行的合力。逆风行船的记载首见于沙船："沙船能调戗使斗风"。逆风行船必须戗走（斜行），为了保持正确航向，又必须"调戗"（轮流换向），走"之"形航线。

自汉代以后，多桅多帆逐渐成了海船的标准配置。

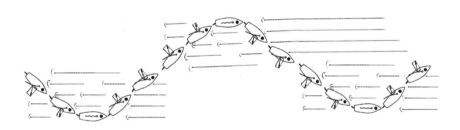

图 52　风帆"调戗"示意图

（2）橹

橹的外形略似桨，但比桨长而大，甚至超过长桨。

汉代的《释名·释船》给橹的定义是："在旁曰橹。橹，旅也，用旅力然后舟行也。"《正字通》又说，"长大曰橹，短小曰桨。纵曰橹，横曰桨。"橹多安置在船的首尾或侧方的支架上。用手摇动时，插入水中的橹片左右摆动，两侧水压出现差异，产生的压力推动船舶前进。

橹的推进效率比桨高。因为划桨时，桨叶总是一次入水一次出水，出水后桨叶在空中划过，并不产生动力，所以船舶只能得到不连续的推力。

而摇橹时，橹片始终在水中按一定弧度左右往复运动，无论何种角度都能形成推力，这种持续不断的推力可高效推动船只向前。

如果变更橹片的入水角度，或者调整橹片在水中的摇摆速度，还能有效地控制船舶行进的方向。中国早期的船，有橹而无舵，就是用橹控制船的前进方向的。这种摇橹前进的船，一直沿用至今，在现在的江南水乡一带依然十分常见。

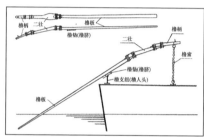

图53　橹，以及在船尾安装示意图[注22]

（3）舵

舵由桨演变而来。在较长的年代里，桨是用来控制船舶前行方向的工具。在长期的实践中，人们发现位于船尾的桨对于控制船行方向效率最高，于是出现了形状像桨的船尾舵（即"桨形舵"）。汉代长沙出土的船模使用的是船尾桨，而广州汉墓出土陶船模型上安装的是船尾舵，两相比较，可以明显地看出由"桨"发展成舵的迹象。

船尾舵是中国造船技术的三大发明之一（另两个分别是水密舱、尖底造型与龙骨结构），一千年后，舵传到阿拉伯地区，再之后传入欧洲。

船尾舵在宋元时得到广泛的使用和改进。宋元以来，为适应不同的水域，舵的形制更加多样化，出现了平

图54　平衡舵　不平衡舵　多孔舵

衡舵、不平衡舵和半平衡舵。另外，为减少阻力，还出现了多孔舵（舵面上有孔，多应用于广船）。为了适应深浅不同的航道，还出现了升降舵，根据水深提上或放下。

（1）主要参考书目

孙机：《载驰载驱　中国古代车马文化》，上海古籍出版社，2016 年。

刘永华：《中国古代车舆马具》，清华大学出版社，2013 年。

席龙飞：《中国造船通史》，海洋出版社，2013 年。

王冠倬《中国古船图谱》，生活·读书·新知三联书店，2000 年。

（2）插图注释

本文插图主要来自以下著作：

刘永华《中国古代车舆马具》：

注1，注2，注3，注5，注6，注11，注14，注15，注16，注17

孙机《载驰载驱　中国古代车马文化》：

注4，注7，注8，注9，注10，注12，注13

王冠倬《中国古船注谱》：

注19，注21

席龙飞《中国造船通史》：

注18，注20，注22

（3）所有标明"上海交通大学董浩云航运博物馆"的图片均来自互联网

书与印

— 沈爱良 —

一 向美而生

中国文字的起源，有一个漫长而复杂的孕育、发展过程。从目前发现的我国新石器时代的陶器来看，那些刻在上面的划纹或写在上面的线条，无疑是和中国文字起源有关的具有文字性质的符号，在甲骨文、金文中都可以找到基本相似的字形。

书法是中国特有的一种文字书写艺术，早在夏商便已经形成了完整的文字体系，从甲骨文、金文这些上古文字中便已具有了书法形式美的诸多因素，如线条、单字造型、对称美、章法美，等等，经过数千年的演化，形成了独特、完整、丰富的艺术表现形式，出现了不计其数的书法家，也留下了无数传世书法名作，成为世界文化中最耀眼的明珠之一。

那么，我国的文字究竟产生于什么时代？比较典型的有关文字起源的说法主要有以下三种。

图1 结绳记事

1. 结绳说。《北史·魏本纪》记载：北朝魏的先祖以"射猎为业，淳朴为俗，简易为化；不为文字，刻木、结绳而已"。记录了原始社会部落或少数民族在文字出现之前，以结绳记事的方法，把生活中发生的各种事件记录下来。

数十年前，云南哈尼族人依然使用结绳的方法，如买卖土地的双方各持一根麻绳，田价多少元即打多少结，日后作为凭证使用。（图1）

图2 唐代帛画
中的伏羲女娲

图3 仓颉

2. 伏羲氏造字说。汉代的孔安国在《尚书·序》中说："古者，伏羲氏之王天下也，始画八卦，造书契以代绳结，由是文籍生焉。"认为是伏羲氏时代开始有了文字。（图2）

3. 仓颉造字说。相传文字的产生是在黄帝时候，由黄帝的左右史官所造，"始作书契，以代结绳"。仓颉为左史，沮诵为右史。古籍中称

仓颉"龙颜四目，生有睿德"。《淮南子·本经》中记载："昔者仓颉作书，而天雨粟，鬼夜哭。"（图3）

书法艺术的形成

东汉许慎《说文解字·叙》中说，秦书有八体：大篆、小篆、刻符、虫书、摹印、署书、殳书、隶书。

西晋卫恒《四体书势》中说，四体谓古文、篆书、隶书、草书。

从上面这些记载可以发现，到西晋时候各种字体都已基本出现，但在秦八体书中并没有看到甲骨文，因此可以推断，甲骨文在战国后期便已经消失踪影，直至清代末年才重见天日。

甲骨文

甲骨文是目前已知最古老的成熟文字，距今已有三千多年的历史。

甲骨文，是指刻写在龟甲、兽骨（主要是龟腹甲和牛肩胛骨）上的文字。主要发现于河南安阳小屯村一带的殷墟，是商代后期（公元前14—公元前11世纪）王室和贵族用于占卜和记事的文书，又称契文、甲骨刻辞、甲骨卜辞等。目前所发现殷墟甲骨二十多万片，其中带字甲骨的数量有16万片之多。（图4、5、6、7）

图4　刻在龟甲上的　　图5　刻在兽骨上的　　图6　刻在兽骨上的　　图7　甲
　　　甲骨文　　　　　　　　甲骨文　　　　　　　　甲骨文　　　　　骨文拓片

　　1899年的一天，住京城担任国子监祭酒的金石学家王懿荣[注1]，（图8）因身患疟疾，从药店购回一味叫作"龙骨"的药材，这些被称作龙骨的药材是用作药引子的。在"龙骨"上面他发现刻有一种类似于文字的符号。作为古物收藏大家，凭借多年对金石古物鉴定的敏感，他意识到这很可能是一种上古时期的文字。于是他将药店中一切带有刻痕的"龙骨"都买了回来，同时通过山东潍县古董商人范维卿进行大量收购。经过深入、细致的研究，王懿荣从这些龟甲和兽骨上辨认出"雨""日""山""水"等字，后来还发现了几位商朝君王的名字，由此初步断定甲骨上的文字应为三代（夏、商、周）古文，该发现把汉字的历史推到公元前1700多年的殷商时代，王懿荣成为甲骨文研究的奠基人。自此，"一片甲骨惊天下"。

图8　王懿荣

　　为了囤积居奇、牟取暴利，古董商对甲骨出土地都视同"最高机密"，一直到王懿荣去世多年后，由"甲骨四堂"[注2]之首的罗振玉通过多方探访踏查，1908年，终于得知这些甲骨出土于河南安阳洹河之滨的小屯村，并确定其遗址为殷墟（商代晚期都城）。人们不断从这里挖出甲骨，由此形成了蔚为壮观的"绝学"——甲骨文研究。直到现在，殷墟的考古挖掘工作仍在继续进行。

图9　朱书玉戈　殷墟博物馆展出

　　殷墟博物馆有一件非常特别的文物：朱书玉戈。（图9）上面的文字与甲骨文几乎相同。这说明商代文字已经非常成熟，当时社会生活中，人们在其他场合和其他材料上也使用与甲骨文一样的文字。另外，玉戈上的字呈朱色，说明它是用笔蘸着朱砂先写上去然后再刻的，写字的笔很有可能就是毛笔。

三千多年前的商代有毛笔吗?

目前出土最早的毛笔实物是战国时期的，但是毛笔的使用肯定是很早之前就有了。1954年，在长沙市左家公山发掘的一座战国楚墓里，出土了一支毛笔实物。考古人员最初发掘出了一根竹管，清理后发现竹管里面是一支保存完好的毛笔。毛笔的笔杆用竹制成，笔毛采用的是兔毫，即现在讲的紫毫。笔杆的一端劈开几道裂痕后，将笔毫夹在笔杆中，然后用细绳扎紧。尽管没有发现商代使用毛笔的实物，但是商代及更早之前的文明阶段，应该已经使用毛笔了。(图10)从目前的考古材料可以看到，作为早期文明代表的彩陶，上面有些图案就有

图10　在楚墓中考古发现的最早毛笔

毛笔使用的痕迹。由于年代久远，不易保存，所以不容易有实物发现。在甲骨中的象形文字，如"册""典"等字的字形就是简牍的形状，由此可以推断出商代的政令、律法条文以及贵族之间的契约等，都可能是写在简牍上。甲骨文主要用于占卜，在当时使用简牍无疑要比刻甲骨文频繁得多。

在殷墟发现的甲骨上，也有少数用朱砂写成但还未刻的文字。这也说明，有一些甲骨文是用毛笔先写再用青铜刀或者玉石刀刻上去的（刻刀在安阳都有出土实物）。因为是用刀刻，所以笔画瘦劲刚硬，也有一些圆转线条，就雕刻的精美来说，十分令人赞叹。当然，用毛笔先写再刻只是部分情况，很多甲骨都是直接锲刻的，贞人经过练习，对字的结构掌握得很熟练，一般都不需要先写。甲骨文先书后刻的实物，为商代使用毛笔提供了更多的证据，人们也期待更多实物的发掘。

商代的甲骨文内容为记载盘庚迁殷至纣王二百七十三年之间商王及其贞人在朝廷进行的占卜活动。这些甲骨卜辞，刻在经过火灼的龟甲和兽骨上面。在殷商时代，凡征伐、祭祀、游猎、稼穑等社会活动和社会生产都须通过占卜，主持占卜的人称之为贞人，负责解释占卜结果，是替商王言事并传达上帝鬼神意旨的媒人。

商代人用龟腹甲占卜，一是腹甲代表地，二是因为龟的灵性。我们看

到龟壳里，前肢和后肢的位置，有四个加固连接上下的骨结构，这就是古人认为天有四根柱子支撑的来源。

一条完整的卜辞，由前辞（又叫叙辞，写占卜日期，以干支表示，同时又写占卜者名字，通常是商王的史官）、问辞（又叫命辞，是要问的事）、占辞（商王看了卜兆以后所下的是非结论）、验辞（占卜后结果的应验情况）这样四部分组成，不过许多卜辞都不完整，一般只具有其中的几部分。

刻在甲骨上的文字能不能当作书法看待？

郭沫若在1937年出版的《殷契粹编》的序言中，就对甲骨文书法非常赞赏："卜辞契于龟骨，其契之精而字之美，每令吾辈数千载后人神往。文字作风且因人因世而异，大抵武丁之世，字多雄浑，帝乙之世，文咸秀丽。而行之疏密，字之结构，回环照应，井井有条……足知现存契文，实一代法书，而书之契之者，乃殷世之钟王颜柳也。"

甲骨文，结体上虽然大小不一，字形错综变化，但已具有对称、稳定的格局。因此，客观讲中国的书法是从甲骨文开始，因为甲骨文已备了书法的三个要素，即用笔、结字、章法。（图11、12）

图 11　刻在兽骨上的甲骨文　　图 12　刻兽骨上的甲骨文

这些先书写后契刻的甲骨文，风格瘦劲锋利，具有刀锋的趣味。受到文风盛衰之影响，大致可分为五期：

一、雄伟期：自盘庚至武丁，约一百年，受到武丁之盛世影响，书法风格宏放雄伟，为甲骨书法之极致。大体而言，起笔多圆，收笔多尖，且曲直相错，富有变化，不论肥瘦，皆极雄劲。

二、谨饬期：自祖庚至祖甲，约四十年。两人皆可算是守成的贤君，这一时期的书法谨饬，恪守成规，新创极少，大抵承袭前期之风，但已不如前期雄劲豪放之气。

三、颓靡期：自廪辛至康丁，约十四年。此期可说是殷代文风凋敝之秋，虽然还有不少工整的书体，但篇段错落参差，已不那么守规律，而有些幼稚、错乱，错字也是数见不鲜。

四、劲峭期：自武乙至文丁，约十七年。文丁锐意复古，力图恢复武丁时代之雄伟，书法风格转为峻挺劲峭，在清朗瘦劲的笔画中，带有十分刚劲的风格。

五、严整期：自帝乙至帝辛，约八十九年。书法风格趋于严谨，与第二期略近；篇幅加长，谨严过之，无颓废之病，亦乏雄劲之姿。

为什么要重视甲骨文书法？

甲骨文有两个很重要的特征，一是结体繁复，很多字或"随体诘屈，画成其物"，或"微具匡廓""以偏概全"，加上字形又带有较重的象形意味，所以异体字就特别多，造型随意性很大。二是线条朴实自然，没有过多的装饰，简单明了。研究并书写甲骨文，既可以了解先民的造字原理，又可以通过吸取其多变的结体形式，提升书法家的艺术造型想象力。写甲骨文就是为了要将简洁的

图 13　甲骨文拓片　　图 14　甲骨文拓片

线条与奇肆的造型相互结合，从而直探书法的本源，直入书法的堂奥，直抵书法的彼岸。（图 13）

最后，值得一提的是，北京大学藏有一块刻辞兽骨，内容是中国最古老的"日历"——干支表，说明传说中夏代的历法即"夏历"是存在的。（图 14）在农耕社会，人们对天文历法的重视无疑是放在首位的，季节的更替、岁时的变化直接影响人们的耕作和生存，这样就能理解四大文明古国为什么都有发达的天文学、星象学。那么，传说中的洛书河图究竟是指什么？当代

作家阿城先生的《洛书河图：文明的造型探源》一书从造型学、纹样学的角度梳理上古文明的起源与发展，直观再现了洛书、河图、天极造型演变的脉络。他将大汶口文化彩陶盆上的八角星纹定为洛书符型，确定传说中的洛书其实就是表示方位的图案，也就是东、南、西、北、东南、西南、西北、东北这八个方向，同时也表示两分（春分、秋分）、两至（夏至、冬至）。（图 15）河图是表达围绕北极星旋转的星象，同时也是东方苍龙七宿[注3]与银河的关系。在几千年前的上古，河图、洛书的出现，预示着天象的变化，代表人间新帝王的诞生。

图 15　大汶口文化彩陶盆

图 16　毛公鼎

金文

金文也叫"钟鼎文"，是铸造或刻在金属钟鼎彝器上的铭文。钟是乐器，鼎是礼器。"礼器"，即用于祭祀祖先的祭器；"养器"，即生人的饮食起居所用家具。这是甲骨文之后、李斯小篆之前一段时间的汉族文字。（图 16）

钟鼎上的铭文，一般地说凹下去的阴文叫做"款"，凸出的阳文叫做"识"，金文也统称为钟鼎款识。

金文分铸造和凿刻两种，其形体随时代的发展而有所变化。概而言之，商代金文和甲骨文相近，如《大盂鼎》；周朝初期渐趋整齐雄伟，如《毛公鼎》；到了战国末期则和小篆类似，如《虢季子白盘》。

石鼓文

石鼓文是刻在鼓形石上的籀文，是我国现存的最早的刻石文字。石鼓共十件，分刻着十首为一组的四言诗，计718字，内容是记述国君游猎的情况，故又称"猎碣"。石鼓文的书体，属于大篆的体系。（图 17、18）

图 17 石鼓文

图 18 石鼓文拓片

唐代大文豪韩愈在他的《石鼓歌》中把石鼓文比作"鸾翔凤翥众仙下，珊瑚碧树交枝柯，金绳铁索锁钮壮，古鼎跃水龙腾梭。"

秦篆

秦篆，即小篆，亦称斯篆。

小篆是"取史籀大篆或颇省改"而成的。秦相李斯作《仓颉篇》七章，中车府令赵高作《爰历篇》六章，太史令胡毋敬作《博学篇》七章，现均已失传。

李斯写的小篆被称为"玉箸篆"，他写的小篆"朴茂""端庄"，称得起"古今绝妙"四个字。当时的金石刻辞，如金文有"秦权""秦斤""秦量"，刻石有峄山、泰山、琅玡台、之罘、碣石、会稽等六处，上面的文字都是李斯写的。

图 19 《泰山刻石》拓片

图 20 《峄山碑》拓片

"篆尚婉而通"，写小篆还是应该以李斯的"婉通"为正宗。（图19、20）

隶书

相传是秦始皇时一个叫程邈的囚犯创造的，因为是囚犯创造，又主要

图21 带有明显小
篆意味的早期隶书

图22 《乙瑛碑》

为底层的皂隶所使用，所以称为隶书。早期的隶书可以明显看出小篆的用笔和结构。（图21）

汉武帝丞相萧何在他制定的《草率》中，规定以八体书作为学童应试的内容，其中以隶书最为重要，因为隶书写得好的人可以入仕（做官），可以成为专门负责文书工作的尚书、史书令史。于是，逐渐形成了一种写隶书的社会风气。所谓"史书令史"，就是指擅于写隶书的令史，汉代人称隶书为史书。（图22）

汉代隶书快速发展的原因：

图23 张芝《冠军帖》

一、隶书比小篆容易写、容易认，所谓"隶书为小篆之捷"。

二、写隶书可以做官。

草书

关于草书产生的时代，历来说法不一，至今尚无定论。

不过，草书是由"赴速急就""急就为之"而产生的，这一点却是公认的。

唐代书法理论家张怀瓘说："章草即隶书之捷，草亦章草之捷也。"草书先有章草，而后才有今草。

章草是汉隶变化而来的，具体的时间，是从西汉元帝时的史游作《急就章》正式开始。章草的特点是字画与隶书一样有波磔，字与字之间没有牵连。张怀瓘《书断》认为："章草之书，字字区别"。

图24 张旭《肚痛帖》

张芝，东汉书法家，历史上称为"草圣"，是今草的创始人。卫恒说他："凡家之衣帛，必先书而后练之。临池学书，池水尽墨。下笔必为楷则，常曰：'匆匆不暇草书'。"张怀瓘《书断》说："张芝变为今草，加其流速，拔茅连茹，上下牵连，或借上字之终，而为下字之始，奇形离合，数意兼包。"（图23）

张旭，唐代书法家，擅长草书，喜欢饮酒，世称"张颠"，与怀素并称"颠张醉素"，与李白的诗歌、裴旻的舞剑并称"三绝"。因先后任左率府长史和金吾长史，故被世人称为"张长史"。（图24）

怀素，唐代书法家，俗姓钱，以狂草名世。性格不拘，疏狂自放，所作草书超妙自得，如"惊蛇走虺，骤雨旋风"，颜真卿称其"以狂继颠"。

楷书

楷书又称正书，或称真书、正楷。楷书的起源最早可以上溯到汉末，从汉末的简牍到两晋的残纸，已经出现了具有明显楷书特征的作品。到了魏晋南北朝时期的佛教、道教因抄经需要而形成的抄经体，都极大地促进了楷书的发展。与此同时出现的楷书碑刻，世称魏碑体，开启了隋唐楷书的先声。

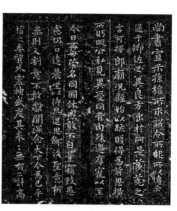

图25 钟繇《宣示表》

"钟王"指钟繇和王羲之。学习楷书，"钟""王"是绕不开的两座高峰。

钟繇是三国时魏国人，曾官至太傅，故称"钟

图26 王羲之《乐毅论》

图 27　欧阳询
《九成宫醴泉铭》

图 28　虞世南
《孔子庙堂碑》

图 29　褚遂良
《雁塔圣教序》

图 30　薛稷《信行禅师碑》

图 31　颜真卿
《多宝塔碑》

图 32　柳公权《神策军碑》

图 33　赵孟頫《妙严寺碑》

太傅"。钟繇的真书古雅高绝,超妙入神,点画极富异趣。后人评价他的书法:"如云鹄游天,飞鸿戏海;行间茂密,实亦难过。"(图 25)

王羲之是东晋人,曾官至右军将军,故称"王右军"。最初以卫夫人为师,后改学张芝、钟繇,博采众美,诸体备精,自成一家,作草如真,作真如草。小楷代表作有《乐毅论》《东方朔画赞》,行书最著名的是《兰亭序》。(图 26)

初唐四家:欧阳询、虞世南、褚遂良、薛稷图(27、28、29、30)

四大楷体:欧体(欧阳询)、颜体(颜真卿)、柳体(柳公权)、赵体(赵孟頫)(图 31、32、33)

行书

行书是介于草书和楷书之间的一种书体,既有草书的快捷,又有楷书的易识，所以很快成为后世书写最多的一种字体。

张怀瓘《书断》称："行书者，后汉颍川刘德升所作也。即正书之小伪，务从简易，相间流行，故谓之行书。……赞曰：'非草非真，发挥柔翰'。"

"晋尚韵"是指"韵胜""度高"，这和晋代人物的"丰神疏逸，姿致萧朗"是分不开的。

"宋尚意"是指"禅意""意趣""逸趣"，禅学是宋代文人士大夫间普遍流行的一种修养途径。

图34　王羲之《兰亭序》

王羲之的传世行书都是双勾廓填的摹本，以《兰亭序》最为有名，称"天下第一行书"。（图34）后面会做详细介绍。

宋四家，是北宋时期四位书法家苏轼、黄庭坚、米芾、蔡襄的合称，在行书方面代表了宋代书法的最高成就。（图35、36、37、38）

注：

① 王懿荣（1845—1900），字正儒，一字廉生，原籍云南，山东省福山县（今烟台市福山区）古现村人。生性耿直，号称"东怪"。中国近代金石学家、鉴藏家和书法家，为发现和收藏甲骨文第一人。光绪六年进士，

图35　苏轼《寒食帖》

图36　黄庭坚《松风阁帖》

图38　蔡襄《澄心堂帖》

图37　米芾《苕溪诗帖》

授翰林编修，三为国子监祭酒。庚子年，义和团攻掠京津，授任京师团练大臣。八国联军攻入京城，皇帝外逃，王懿荣遂偕夫人与儿媳投井殉节，谥号"文敏"，年五十五岁。

②"甲骨四堂"是指中国近代四位研究甲骨文的著名学者：罗振玉（号雪堂）、王国维（号观堂）、郭沫若（字鼎堂）、董作宾（字彦堂）。著名学者陈子展教授在评价早期甲骨学家的时候写下"甲骨四堂，郭董罗王"的名句，这一概括已为学界所广泛接受。唐兰曾这样评价"甲骨四堂"的殷墟卜辞研究："自雪堂导夫先路，观堂继以考史，彦堂区其时代，鼎堂发其辞例，固已极一时之盛"。

③二十八星宿是中国古代天文学家为观测日、月、五星运行而划分的二十八个星区，是我国本土的天文学创作。二十八星宿指的是：

东方苍龙七宿：角、亢、氐、房、心、尾、箕

北方玄武七宿：斗、牛、女、虚、危、室、壁

西方白虎七宿：奎、娄、胃、昴、毕、觜、参

南方朱雀七宿：井、鬼、柳、星、张、翼、轸

每宿包含若干颗恒星。作为中国传统文化中的重要组成部分之一，曾广泛应用于古代的天文、宗教、文学及星占、星命、风水、择吉等术数中。

二　心手双畅

"颂其诗，读其书，不知其人，可乎？是以论其世也。"

——《孟子·万章下》

"为人"当以"文质彬彬、谦谦君子"为目标，以"温柔敦厚、不激不厉"为规范；"作书"则追求"正能含奇，奇不失正，会于中和，斯为美善。"

——项穆《书法雅言》

汉代扬雄说："言，心声也。书，心画也。声、画、形，君子小人见矣。"

唐代张怀瓘说："文则数言乃成其意，书则一字已见其心。"

古人说，字如其人，书品即人品。我们欣赏一件传世书法佳作时，往往不知从何入手；评判一件作品的优劣，也往往不知从何说起。譬如要研究《红楼梦》而不了解作者曹雪芹的家世，是断断不能有创获的。一样的道理，我们研究欣赏一件书法作品，特别是古代书法名家名作，最佳的打入方法就是去了解作者的身世，如家族情况、朋友圈、时代环境，等等，只有把作品放到作者特定的创作背景下，对作品的理解才能最接近作者的本意。所以我们提倡，欣赏一件书法作品，知人论世、知人论书很重要。

下面就以"天下第一行书"《兰亭集序》为例，来做一简单分析。

王羲之《兰亭集序》原文：

永和九年，岁在癸丑，暮春之初，会于会稽山阴之兰亭，修禊也。群贤毕至，少长咸集。此地有崇山峻岭，茂林修竹，又有清流激湍，映带左右。引以为流觞曲水，列坐其次。虽无丝竹管弦之盛，一觞一咏，亦足以畅叙幽情。是日也，天朗气清，惠风和畅。仰观宇宙之大，俯察品类之盛，所以游目骋怀，足以极视听之娱，信可乐也。夫人之相与，俯仰一世。或取诸怀抱，悟言一室之内；或因寄所托，放浪形骸之外。虽趣舍万殊，静躁不同，当其欣于所遇，暂得于己，快然自足，不知老之将至。及其所之既倦，情随事迁，感慨系之矣。向之所欣，俯仰之间，已为陈迹，犹不能不以之兴怀。况修短随化，终期于尽。古人云："死生亦大矣！"岂不痛哉！每览昔人兴感

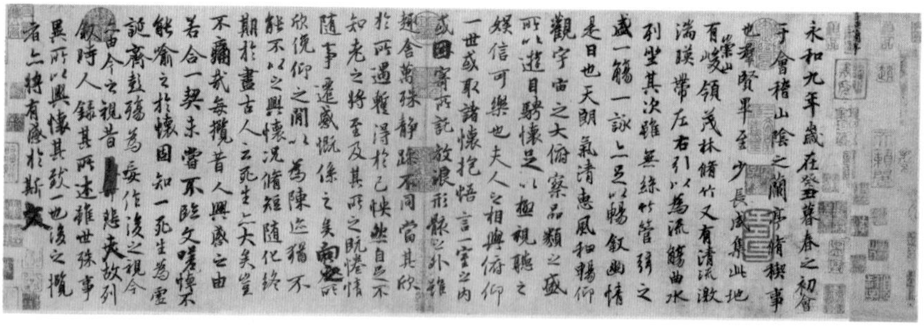

图39 王羲之《兰亭序》

之由，若合一契，未尝不临文嗟悼，不能喻之于怀。固知一死生为虚诞，齐彭殇为妄作。后之视今，亦犹今之视昔，悲夫！故列叙时人，录其所述。虽世殊事异，所以兴怀，其致一也。后之览者，亦将有感于斯文。（图39）

第一个问题：会稽山阴在哪里？为什么雅聚的地方选择在那里？

会稽山阴，当指东晋会稽郡山阴县。顾野王《舆地志》上说："山阴郭西有兰渚，渚有兰亭，王羲之谓曲水之胜境，制序于此。"山阴道曾被王羲之七子王献之赞为中国最美的地方。据刘义庆《世说新语·言语》记载，东晋画家顾恺之从会稽还，人问山水之美，顾云："千岩竞秀，万壑争流。草木蒙笼其上，若云兴霞蔚。"而王献之则称赞"从山阴道上行，山川自相映发，使人应接不暇"。（图40、41）

图40 仇英《兰亭雅集图》

图41 仇英《兰亭雅集图》

第二个问题：上巳节是一个什么样的节日？

上巳节，俗称三月三，是汉民族传统节日，该节日在汉代以前定为三月上旬的第一个巳日，旧俗以此日在水边洗濯污垢，祭祀祖先，叫做被禊、修禊。魏晋以后把上巳节固定为三月三日，此后便成了水边饮宴、郊外游春的节日。上巳节又称女儿节。"女儿节"，是一种古代汉族少女的成人礼。

《论语》有云："暮春者，春服既成，冠者五六人，童子六七人，浴乎沂，风乎舞雩，咏而归。"（图42）

图42　上巳节修禊

《后汉书·礼仪志上》记载："是月上巳，官民皆絜于东流水上，曰洗濯被除，去宿垢疢，为大絜"。

杜甫的《丽人行》对此盛况亦有描写："三月三日天气新，长安水边多丽人……"（图43）

那么，当时的丽人用什么来"洗濯被除"的呢？《周礼·春官·女巫》："女巫，掌岁时被除衅浴。"郑玄注："衅浴，谓以香薰草药沐浴。"孙诒让正义："《国语·齐语》云：管仲至，三衅三浴之。韦注云：'以香涂身曰衅。'……涂、浴事本相因，此经'衅浴'，亦专取香薰以示絜。"可见古代美女是用芳香的草药涂身（或熏身）并以之和汤沐浴洁身。

我国少数民族壮族，把三月三称为歌圩节。圩是集市的意思，简单地

图43　三月三长安水边丽人行

广西壮族自治区人民政府

广西壮族自治区人民政府办公厅关于2018年"壮族三月三"放假的通知

来源：广西壮族自治区人民政府办公厅　2017-12-12 19:03

各市、县人民政府，自治区人民政府各组成部门、各直属机构：

根据自治区第十二届人民政府第98号政府令精神，经自治区人民政府同意，现将2018年"壮族三月三"放假有关事项通知如下：

一、"壮族三月三"期间，本自治区内全体公民放假2天，4月18日、19日（即衣历三月初三、初四）放假。

二、4月20日（星期五）与4月15日（星期日）调休，4月15日（星期日）上班。

图44　壮族歌圩节放假通知

说，就是人们聚在一起唱歌的节日，相传是为纪念歌仙刘三姐而形成的节日。2014年"壮族三月三"申遗成功，每年农历三月初三，广西全区人民享有两天假期。（图44）

第三个问题：兰亭雅集是在怎样的时代背景下形成的？

曹魏政权被司马家族取代后，形成了一种执麈谈玄的贵族文化、文人文化、名士文化。如以何晏、王弼为首的正始名士和竹林七贤（嵇康、阮籍、山涛、向秀、王戎、阮咸、刘伶），他们都是"越名教而任自然"，崇尚老庄哲学，口诛笔伐儒家道统思想。他们都嗜酒如命，如"三日不饮酒，觉神明不复相亲""痛饮酒，熟读《离骚》，便可称名士""是真名士，自风流"。（图45）

图45　竹林七贤

东晋穆帝永和九年（353）农历三月初三，"初渡浙江有终焉之志"的会稽内史王羲之[注4]与隐居上虞的晋太傅谢安、孙绰、支遁等名流及王献之等王氏家族子弟共四十一人，在会稽山阴别业兰亭（今绍兴城外的兰渚山下）行修禊事、饮酒赋诗的，是为兰亭雅集。（图46）

与会者临流饮酒赋诗，各抒怀抱，抄录成集，大家公推此次聚会的召集人，德高望重又善书的王羲之作序，记录此次雅集。这次有二十六人作诗，共写了三十二首诗，十五个不能赋诗的人罚酒各三斗。那一年王羲之五十一岁，于酒酣微醉之时，用蚕茧纸、鼠须笔乘兴而书，写下千古名篇《兰亭集序》。《兰亭集序》，又题为《临河序》《禊帖》《三月三日兰亭诗序》

图 46 《曲水流觞图》

图 47 王羲之

等，共 28 行，324 个字。宋代米芾称之为"天下第一行书"[注5]。（图 47）

第四个问题：什么是魏晋风度？

什么是魏晋风度？我们通过下面的三个典故来举例说明：

阮籍三哭

一哭：（阮籍）性至孝，母终，正与人围棋，对者求止，籍留与决赌。既而饮酒二斗，举声一号，吐血数升。及将葬，食一蒸肫，饮二斗酒，然后临诀，直言穷矣，举声一号，因又吐血数升，毁瘠骨立，殆致灭性。

二哭：兵家女有才色，未嫁而死。籍不识其父兄，径往哭之，尽哀而还。其外坦荡而内淳至，皆此类也。

三哭：时率意独驾，不由径路，车迹所穷，辄恸哭而反。（图 48）

图 48 阮籍

《晋书·列传第五十》

（王徽之）尝居山阴，夜雪初霁，月色清朗，四望皓然，独酌酒咏左思《招隐诗》，忽忆戴逵。逵时在剡，便夜乘小船诣之，经宿方至，造门不前而反。人问其故，徽之

图 49 戴进《雪夜访戴图》

曰："本乘兴而行，兴尽而反，何必见安道邪！"这就是"乘兴而来，兴尽而归"的典故。（图49）

《世说新语·雅量》

图50　东床快婿

郗太傅在京口，遣门生与王丞相书，求女婿。……门生归白郗曰："王家诸郎，亦皆可嘉，闻来觅婿，咸自矜持，唯有一郎在床上坦腹卧，如不闻。"这个躺在东厢房的床上袒胸露怀不事修饰的年轻人就是王羲之，"东床快婿"的成语就出于此。这种事情放在其他任何朝代，都是不可想象的事情。（图50）

第五个问题：什么样的人才能成为名士？

图51　王献之
《鸭头丸帖》

第一要擅长清谈（谈玄）注6。魏晋时期，社会上盛行"清谈"之风。"清谈"是相对于俗事之谈而言的，亦谓之"清言"。士族名流相遇，不谈国事，不聊民生，谁要谈及如何治理国家，如何强兵裕民，何人政绩显著等，就被贬讥为专谈俗事，遭到讽刺。因此，不谈俗事，专谈老庄、周易，被称为"清言"。

第二要想成为魏晋名士，人一定要长得像美貌的女子一样。曹操的养子后来成为女婿的何晏"美姿仪"，喜欢修饰打扮，面容细腻洁白，无与伦比。嵇康"身长7尺8寸，风姿特秀，其醉也，傀俄若玉山之将崩"。王献之长得"漂如游云，矫若惊龙"，像是《洛神赋》中女神姐姐。另外如潘岳"姿容甚美，风仪闲畅"，王恭"濯濯如新月柳"，裴令公"如玉山上行，光彩照人"，真是一个比一个长得美艳。

要想长得美貌，服药是当时最佳选择。故魏晋名士喜欢服药，服食什么药呢？五石散，又称寒食散。它们是：紫石英、白石英、赤石脂、石钟乳、石硫黄。何晏说："服五石散，非唯治病，亦觉神明开朗"。了解他的人这样描述道："近世尚书何晏，耽于好色，好服此药，心加开朗，体力较强"。"五石散"是一种毒性很重的药，王羲之也"雅好服食养性"，晚年经常有腹痛、腹泻、腿肿等毛病，年仅五十九岁就去世了。王献之（344—386）是王羲之七子，只活了四十三岁。上博藏有王献之真迹《鸭头丸帖》（图51），内容为："鸭头丸故不佳，明当必集，当与君相见。"鸭头丸是一种药，医书上说主治"水肿，面赤烦渴，面目肢体悉肿，腹胀喘急，小便涩少"。从这张纸片上透出了王献之的部分身体信息：他小便不畅，浑身水肿，应该也是服食药石所致。

第六个问题：王羲之在《兰亭集序》中写了什么？

《兰亭集序》是王羲之为四十一位名士在兰亭举行修禊活动写的诗所作的序。序中描述了兰亭的自然景色和聚会的盛况，抒发了作者由此引发的人生盛事不常而流年易逝的感慨。

文章共分三段。第一段首先交代了集会的时间、地点及与会人物，接着描绘兰亭所处的自然环境和周围景物，言简意赅，层次井然。继而写崇山峻岭、清流激湍，再写丝竹管弦、一觞一咏，由天朗气清、惠风和畅，再推向宇宙万物的品类之盛。意境清丽淡雅，情调欢畅和融。第二段写人与人的交往，虽然每个人的趣舍万殊、静躁不同，但刹那之间，已为陈迹。所谓"不知老之将至"（孔子语），这不能不引起人的修短随化，终期于尽的感慨。每当想到人的寿命长短，最终归于寂灭时，更加使人感到无比的悲痛。第三段写看到前人文章中发出感叹的原因，自己难免也跟着一起感怀悲伤，但心里还是不能理解这是什么道理。想到后人看待今人，也像今人看待前人，感到很可悲！指出"一死生""齐彭殇"是一种虚妄的人生观，这是王羲之与魏晋一般谈玄文人不同的地方。

这篇文章具有清新朴实、不事雕饰的风格。语言流畅，清丽动人；句式整齐而富于变化，以短句为主，在散句中参以偶句，韵律和谐，悦耳动听。

第七个问题：为什么《兰亭集序》被称为"天下第一行书"？

宗白华《论〈世说新语〉和晋人的美》一文说："晋人风神潇洒，不滞于物，这优美的自由的心灵找到一种最适宜于表现他自己的艺术，这就是书法中的行草。行草艺术纯系一片神机，无法而有法，全在于下笔时点画自如，一点一拂皆有情趣，从头至尾，一气呵成，如天马行空，游行自在。又如庖丁之中肯綮，神行于虚。这种超妙的艺术，只有晋人萧散超脱的心灵，才能心手相应，登峰造极。魏晋书法的特色，是能尽各字的真态。'钟繇每点多异，羲之万字不同'。'晋人结字用理，用理则从心所欲不逾矩'。"

从流传的晋书墨迹来看，晋人以尚韵为主，表现为妙趣天成、自然畅达的典雅气质。《兰亭集序》的可贵之处就在于作者将自然形态和人的情感完美地结合在一起，天机超迈，通篇如行云流水。据说后来王羲之又写过几次，都没能再达到这种境界。

《兰亭集序》虽是王羲之即兴书写，但每个字的结体疏密相间，欹正相生，错落参差，极尽变化之妙。全篇20个"之"字（图52、53、54、55），7个"不"字（图56、57、58），写得各具姿态，无一雷同。其章法上下呼应，左右映带，和谐自然，不加雕饰。虽偶有涂改，却能一气贯注。其用笔以藏锋为主，露锋为辅，既内敛其气，又外畅其神。气韵生动，气盛神凝，字里行间

图52—图55 "之"的不同形态

图56—图58 "不"的不同形态

表现出魏晋名士所追求的超尘脱俗、肆意酣畅的通达人生。

《兰亭集序》的书法具有传统书法最典型的"文而不华，质而不野，不激不厉，温文尔雅"的"中和之美"。所谓"不激不厉，风规自远"（唐·孙过庭语）应是对《兰亭集序》最恰当的评语。

第八个问题：《兰亭集序》真迹藏在哪里？

据传唐太宗李世民十分酷爱王羲之的法书，一生搜集王羲之的真迹，片纸只字都不放过。尤其是将《兰亭集序》奉为"尽善尽美"之作，死后将它一同葬入陵墓。宋米芾诗云："翰墨风流冠古今，鹅池谁不爱山阴；此书虽向昭陵朽，刻石尤能易万金。"由于李世民对王羲之的书法推崇备至，多次敕令侍奉宫内的搨书人赵模、韩道政、冯承素、诸葛真等四人，各响搨数本（即双勾廓填本），赏赐给皇太子及诸位王子和近臣。这种摹本虽"下真迹一等"，但在当时也是一纸难求。此外，还有欧阳询、褚遂良、虞世南等书法名家的临本传世。

注：

④ 王羲之（303—361），字逸少，东晋时期书法家，有"书圣"之称。琅琊临沂（今山东临沂）人，后迁会稽山阴（今浙江绍兴），晚年隐居剡县（今浙江嵊州市新昌县）金庭。历任秘书郎、宁远将军、江州刺史，后为会稽内史，领右将军。

⑤ 东晋王羲之的《兰亭集序》（353年，时年51岁）被称为天下第一行书，唐代颜真卿所书的《祭侄文稿》（758年，时年49岁）被称为天下第二行书，宋代苏轼的行书《黄州寒食帖》（1082年，时年45岁）被称为天下第三行书。上述三大行书法帖，因其文辞、书法俱佳，且都是在无心于书的状态下任情恣性地挥洒的文稿草稿，才不期然而然地达到了最佳的感人效果。

⑥ 魏晋名士以清谈为主要方式，针对本和末、有和无、动和静、一

和多、体和用、言和意、自然和名教的诸多具有哲学意义的命题进行了深入的讨论。清谈的进行有一套约定俗成的程式，清谈一般都有交谈的对手，借以引起争辩。争辩或为驳难、或为讨论。在通常情况下，辩论的双方分为主客，人数不限，有时两人，有时三人，甚至更多。谈话的席位称为"谈坐"，谈论的术语称为"谈端"，言论时引经据典称作"谈证"，谈论的语言称为"谈锋"。在清谈的过程中，一方提出自己对主题内容的见解，以树立自己的论点，另一方则通过对话，进行"问难"，推翻对方的结论，同时树立自己的理论。在相互论难的过程中，其他人也可以就着讨论主题发表赞成或反对的意见，称为"谈助"。到讨论结束时，或主客双方协调一致，握手言和，或者各执一辞，互不相让，于是有人出来调停，暂时结束谈论，称为"一番"，以后还可能会有"两番""三番"，直至得出结论，取胜一方为胜论，失败的一方为败论。藏传佛教有"辩经"宗教活动，形式上两者有相似之处。

三　金石永寿

金石与金石学

《吕氏春秋·求人篇》说夏禹的"功绩铭于金石"，高诱注曰："金，钟鼎也；石，丰碑也。"可见金石是指古人用来铭刻功绩的钟鼎彝器和碑石。

"金石学"就是以古代青铜器和石刻碑碣为主要研究对象的一门学问。研究者醉心于著录和考证"钟、鼎、甗（音"演"，古代炊具）、鬲（音"立"，古代炊具）、盘、匜（音"移"，古代盥洗时舀水用的器具，形状像瓢）、尊（古代大中型盛酒器）、敦（音"对"，古代盛黍稷的器具）之款识，丰碑大碣（方石为碑，圆石为碣[注9]）"等文物和其上的文字，以达到证经补史的目的。

下面简要介绍三位著名的金石学家。

赵明诚

赵明诚（1081—1129），字德父（亦作德甫、德夫），密州诸城（今山东诸城）人。宋代金石学家、文物收藏家。少为太学生，从小博览群经诸史，历官至知湖州军州事。与妻子李清照（号易安居士）（图59）穷年累月，悉心搜求，摹拓传写，不遗

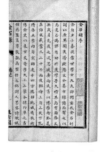

图59 李清照　　　图60 《金石录》

余力。经过二十余年的努力，积得三代以来古器物铭及汉唐石刻凡二千卷，共同校订整理、辨伪纠错。高宗建炎三年（1129年），《金石录》（图60）已初具规模，赵明诚不幸罹疾身亡，李清照以病弱之身，花了两年时间对遗稿作最后的笔削整理，使《金石录》成为北宋以前传世钟鼎碑版铭文集录和考订的重要专著，并在两年以后写成《金石录后序》，详尽记述了这部凝聚着两人毕生心血的金石专著成书的经过。《金石录》刊行问世后，深受士林推重和称扬，也为后世开启了以金石证史的治学传统，对史学、考据学、文献整理和金石书法的研究，有着重要的参考价值。

陈介祺

陈介祺（1813—1884），（图61）清代著名金石学家和文物收藏家。字寿卿，号簠斋，晚号海滨病史、齐东陶父。山东潍县（今山东潍坊）人。道光二十五年（1845年）进士，官至翰林院编修。在金石学方面集藏古、鉴古、释古、传古于一身，可谓收藏最富、鉴别最精、传拓最佳，而于古器物及铭文考释又多创见的晚清金石学领域的杰出代表。陈介祺好古成癖，且独具识见、重在研究，称："古器出世即有终毁之期，不可不早传其文字"。针对古玺印，他又称："今人有畏印谱损古印而不印者，

图61 陈介祺

177

有摹石印作谱者，余谓皆非也。古人文字，不可不公海内大雅之学。"他经常将精妙的拓本和多有创见的考释文字，寄赠给同怀传古之志的吴云、潘祖荫、王懿荣、吴大澂等金石好友，赏奇释疑，令同道心折。一生著作等身，著有《簠斋传古别录》《簠斋金石文考释》《簠斋藏古目》《簠斋藏古册目并题记》《簠斋藏镜全目钞本》《簠斋吉金录》《十钟山房印举》《簠斋藏古玉印谱》《簠斋藏陶》《封泥考略》（与吴式芬合辑）等。

道光三十年（1850年），陈介祺在潍县城内旧居建成"万印楼"注7，（图62）楼内藏有商周铜器248件、秦汉铜器97件、石刻119件、砖326件、瓦当923件、铜镜200件、玺印7000余方、封泥548方、陶文5000片、泉镜镞各式范1000件。因集有三代及秦汉玺印7000余方，遂名其楼为"万印楼"。又因藏有商周古钟11件，取其整数，因而"万印楼"又称"十钟山房"，（图63、64）将所藏印章分类集拓成著名的《十钟山房印举》。

这里试举两例，可窥见陈介祺藏品的等级之高。

图62　十钟山房入口　　　　图63　十钟山房　　　　图64　十钟山房藏钟

毛公鼎，清道光二十三年（1843）出土于陕西岐山（今宝鸡市岐山县）。高53.8厘米，腹深27.2厘米，口径47厘米，重34.7公斤，共32行，497字，是目前所知铭文最多的青铜器，堪称钟鼎之王。最早收藏毛公鼎的就是陈介祺。1948年被运到台湾，现存台北故宫博物院，成为"镇馆三宝"之一（另两件为翠玉白菜和东坡肉石）。（图65、66、67）

淮阳王玺，高1.6厘米、边长2.2厘米、边宽2.2厘米，重20克；白玉，有黑褐色沁，覆斗纽；最上端两侧有横向穿孔，可系绳。印面为正方

图 65　毛公鼎　　　图 66　翠玉白菜　　　　图 67　东坡肉石　　　　图 68　淮阳王玺

形，其上刻缪篆白文"淮阳王玺"四字。刻制精美，文字端正流畅，线条刻划有力，章法排列整齐工丽，是汉玉印中的珍品，具有极高的篆刻艺术价值。此印最早著录即在陈介祺编的《十钟山房印举》中。现藏中国国家博物院。（图 68、69）

图 69　淮阳王玺

施蛰存

　　施蛰存（1905—2003），（图 70）原名施德普，字蛰存，常用笔名施青萍、安华等，浙江杭州人。著名文学家、翻译家、教育家，华东师范大学中文系教授。

图 70　施蛰存

　　施蛰存以写心理分析小说著称于世，1929 年第一次运用心理分析创作小说《鸠摩罗什》和《将军底头》。这种小说创作方法，着意描写人物主观意识的流动和心理感情的变化，追求新奇的感觉，将主观感觉融入对客体的描写中去，并用快速的节奏表现病态的都市生活，使其成为中国"新感觉派"的主要作家之一。

　　上世纪六七十年代施蛰存开始转向古典文学和碑版文物的研究，他收藏的刻石、刻经、碑拓、造像、墓志、塔经、画像石、买地券及其他杂刻拓片，品类繁杂，数量众多。他的这些收藏并不纯粹是收藏赏玩，而是为文献研究服务的。他关注考古发掘，实地勘察，检索历代书法碑刻史料，对文献作出考证，对碑帖拓本甄别真伪。著有《后汉书征碑录》《三国志征碑录》

图71 《金石丛话》

《魏书征碑录》《隋书征碑录》《蛮书征碑录》《云间碑录》《北山楼碑跋》和《金石丛话》等著作。尤其是《金石丛话》，书中包含十四个专题，将枯涩艰深的金石碑帖之学追源溯流，条分缕析，深入浅出，是金石碑帖收藏与研究的必读书。（图71）

施蛰存生前曾形象地用"四扇窗户"概括自己的平生治学，"东窗"是古典文学研究，"南窗"是文学创作与编辑，"西窗"是外国文学编译，"北窗"是金石碑帖整理。施蛰存收藏的碑帖藏品大多数都属于"旧拓本"，时间跨度从汉代到民国时期。

印章的起源

印章的起源，最早可以追溯到原始社会制陶所使用的能够复制图案的劳动工具——陶拍。（图72）根据考古发掘的实物和文献资料推断，我们今天能够见到的最早的印章，是战国时期的古玺，距今已有两千多年的历史。

图72 陶拍

一、古代印章的用途

印章最初被用作货物交换的信用凭证。随着社会经济的发展和阶级社会的逐渐产生，印章的凭信用途也日益广泛，主要表现为：1.用在军事上的虎符。（图73）它是上级用以调遣下属军队的信物，左右两半，行令时只要两相勘合，即可验证命令的真实与否；2.用在政治上的印章。当国家任命官吏时授予刻有官职的印章以代表权力，一旦罢免、调迁或辞职，就把印章收回。

图73 虎符

除了上述用途之外，印章在古代还有其他一些用途。如，记录器物制造者的名字，专作佩戴辟邪之用，作为殉葬品，或用来烙马等等。（图74）

图74 日庚都萃车马

二、印章的名称演变

古代印章的名称，因各个朝代的制度和用途等不同，也是几经变化。古玺是秦代以前印章的统称，秦始皇统一中国之后，制定了一系列等级制度，规定只有天子用的印章才能称"玺"，群臣只能称"印"。汉代官制基本上是沿袭秦代的，但用印制度已有所放宽，诸侯王（秦代无此等级）、皇后也可称"玺"。如传世金印"广陵王玺"（图75）和玉印"皇后之玺"（图76）等。汉代还有用"印信""章"和"印章"图（77、78、79）的。东汉崇尚道教的五行学说，官印、私印都经常出现五字印，一般看到有"印章"连用的五字印，基本上可以断定是东汉时期的印章。此外，印章还有"记""朱记""宝""关防""合同""图书"等名称。

印章的发展过程

战国古玺是我国印章史上灿烂瑰丽的一页，在两千多年的印章发展过程中，有着开朝华而启夕秀的历史地位。黄宾虹曾在《古玺概论》一文中对古玺的艺术特点做了概括："古玺印文字奇特，结构精妙"；"一印虽微，

图75　广陵王玺　　　　　　图76　皇后之玺

图77　东汉琅琊相印章　　图78　印章底部文字　　图79　琅琊相印

可与寻丈摩崖、千钧重器同其精妙"。战国古玺文字异形、诡谲奇异、变化多端，在方寸之间，章法布白活泼生动，都因国、因地、因字、因印而异，具有极强的艺术魅力。自春秋战国以后，在漫长的印章历史长河中，出现过两座高峰——秦汉印章和明清流派印章。

一、秦汉印章

（一）秦印

秦始皇统一中国后，建立了一整套高度专制的中央集权制度，丞相李斯奉命对混乱的六国文字进行整理，最后制定了统一的字体——小篆，即秦篆。小篆是当时全国通用的规范用字，也是当时印章的标准用字。秦印以白文凿印居多，边栏多采用"田"字形界格，（图80）印文平均分布框内，文字生动，变化巧妙。秦代职位较低的官吏使用正方形官印的一半，呈长方形，这种印称之为"半通印"。（图81）半通印多数采用"日"字形界格，常见的是把印文一分为二，力求达到疏密自然。

图80　冀丞之印　　图81　邦侯

尽管秦王朝国运短祚，印章艺术还未及发育成熟，筚路蓝缕，但秦印无疑是汉印得以奇峰崛起的一块不可或缺的基石。

（二）汉印

汉代是我国文化空前繁荣的时期，社会的长期稳定和经济的迅速发展，使文学、哲学和艺术等领域呈现出一派争奇斗艳的景象。这时的印章，除了作为权力和凭信之外，它的实用功能也在不断扩大，同时也加快了由实用印章向艺术印章的嬗变过程。

1.汉印的种类和形制

汉印，根据文字内容，可分为官印和私印两大类。西汉的官私印多为凿印，东汉则多为铸印。汉私印按内容不同分为姓名印、表字印、臣妾印、吉语印和肖形印等。作为权力的象征，在汉武帝时代，对用印的名称、质地、钮式和绶带等都作了明确的等级规定。

汉印的形制繁多，主要有单面印、两面印和套印三种。套印指在一大印之内再套入小印，其中两套印又叫"字母印"。

2. 缪篆文字的特点

汉印使用的文字是从秦代的摹印篆发展而来的，称为缪篆，取"屈曲密填，有绸缪之象"（清袁枚《缪篆分韵序》）的意思。它通过简减笔画和把圆转的小篆线条处理成平正方直的线条，使它比小篆易识易写，而又不失古朴的韵致。因此，缪篆成为后世刻印的典型文字。此外还有一种叫"鸟虫篆"（或叫"虫鸟篆"），它是当时带有装饰性的美术字，用它作为入印字体的印章，称之为"鸟虫印"（或叫"虫鸟印"）。

3. 汉印的章法特点

汉印的章法有其独到之处，了解它的各种特点，有利于提高我们对印章的鉴赏能力，也有利于掌握丰富的刻印技巧。下面介绍三种汉印的基本章法：（1）方整停匀。如"王萌私印"（图82）；（2）虚实生动。如"太医丞印"（图83）；（3）圆转和畅。如"隗长"（图84）。

图82　王萌私印　　图83　太医丞印　　图84　隗长

4. 封泥

战国至魏晋时期的公私简牍都是写在竹木片上的，传递运输时把写好的简札用绳子捆扎起来，再在绳结处加上一块挖有方槽的木块，里面加上一块软的黏土，盖上印章，作为信验，以防私拆。这种钤有印章的泥块，称之为"封泥"（也叫"泥封"）。（图85、86）

图 85　带有封泥的简牍　图 86　封泥钤印　图 87　赵多

5. 肖形印

肖形印，又称"图形印"。它是一种铸有人物、禽兽、舞蹈、搏击等图形的印章，在方寸之内，形象生动地反映了古代的社会生活习俗。肖形印中有一类将图形刻在印面四周的，常见的是青龙、白虎、玄武和朱雀，代表了四个方位，这种印称之为"四灵印"。如"赵多"。（图 87）

二、明清流派印章

在中国印学史上，自秦汉时代出现第一座高峰之后，明清时代的流派印章被称为第二座高峰。

唐宋时代是由实用印章向文人篆刻艺术过渡的时期，明代继承宋代文人风气，使流派印章在书画家的艺术实践中逐渐风行起来。其中大书画家文征明的长子文彭和与之齐名的何震，同时被称为流派印风的开山鼻祖，世称"文何"。

图 88　文彭《七十二峰深处》

文彭（1498—1573），字寿承，号三桥，江苏吴县人。文氏家学渊源，篆刻取法赵孟頫，作品婉转流美，形神兼得。（图 88）

何震（生卒年不详），字主臣，号雪渔，安徽婺源（今属江西）人。他曾师从文彭，后以仿汉凿印而自成面目，刀法猛利，印风苍劲古穆，并首创单刀法刻款。他是"徽派"篆刻艺术的奠基人。（图 89）

明代印坛，除文、何外，主要还有苏宣、梁袠、汪关、朱简和"徽派"的其他人物，如被称为"歙四家"的程邃、八慰祖、胡唐和汪肇龙等。

到了清代初期，以丁敬为首的活动于杭州的印人，成为当时的印坛劲旅。继丁敬之后而起的蒋仁、黄易和奚冈，被合称为"西泠四家"。

丁敬（1695—1765），字敬身，号钝丁，杭州人。篆刻得力于朱简的碎刀法（即切刀法），作品方中寓圆、行中带涩，有碑版汉隶笔意。他是一位借古开今的大艺术家，在他的《论印绝句》中这样写道："古人篆刻思离群，舒卷浑同岭上云。看到唐宋六朝妙，何曾墨守汉家文。"这种超凡的气魄与胆识，与他取秦汉之精华，变文、何之蹊径，从而开浙派之先河，是有着密切的关系的。（图90）

蒋仁篆刻学丁敬，善以简拙概略之法作印，自具风格。（图91）黄易得丁敬亲授，在运刀上更见细腻准确，于工稳中每每透出雅致峻逸之气。（图92）奚冈篆刻也取法丁敬，作品多含蓄清醇。（图93）

继"西泠四家"之后，还有"西泠后四家"，他们分别是陈豫钟、陈曼生、赵之琛和钱松。（图94、95、96、97）他们都师法丁敬，而又各具个性，如陈豫钟的工整清隽，陈曼生的纵肆爽利，赵之琛的以巧取胜，钱松的浑厚朴茂。

图89　何震《听鹂深处》

图90　丁敬《烟云供养》

图91　蒋仁《真水无香》

图92　黄易《一笑百虑忘》

图93　奚冈《龙尾山房》

图94　陈豫钟《最爱热肠人》

图 95　陈曼生《江郎山馆》

图 96　赵之琛
《孝敬忠信为吉德》

图 97　钱松《宋文正公二十三
世孙为金字衣坨》

清代印坛除"西泠八家"外，"四体书国朝第一"的杰出书法家和印学家邓石如（号完白山人），（图 98）是不能不提到的。他在书法上的非凡造诣，使他的印章篆法严谨、线条婀娜多姿且变化多端，故被后人称誉为"书从印出、印从书出"的典范，世称"邓派"。追随者有吴熙载、徐三庚、吴昌硕和黄士陵等。

图 98　邓石如《江
流有声断案千尺》

附录两则：

一、中国印

2008 年北京奥运会会徽由两部分组成，上部分是一个近似椭圆形的中国传统印章，上面刻着一个运动员在向前奔跑、迎接胜利的图案。又像舞动的"京"字，取意奥运会的举办地点在北京。下部分是用毛笔书写的"Beijing 2008"和奥运五环的标志，将奥林匹克的精神与中国传统文化完美地结合起来。（图 99）

二、独孤信[注8]多面体煤精组印

2019 年高考数学全国卷Ⅱ中第 16 题提到的一件文物一夜走红，它就是现藏于陕西历史博物馆的"独孤信多面体煤精组印"。（图 100）独孤信多面体煤精组印为西魏时期的文物，1981 年出土于陕西省旬阳县东门外。

这道数学填空题是这样的：

图 99　北京奥运
会中国印

中国有悠久的金石文化，印信是金石文化的代表之一，印信的形状多为长方体、正方体或圆柱体，但南北朝时期的官员独孤信的印信形状是'半正多面体'，半正多面体是由两种或两种以上的正多边形围成的多面体，半多面体体现了数学的对称美。图2是一个棱数为48的半多面体，它的所有顶点都在同一个正方体的表面上，且此正方体的棱长为1。则该半正多面体共有_____个面，其棱长为_____。

图100　独孤信多面体煤精印

独孤信印章全名为"独孤信多面体煤精组印"，独孤信是人名，印章的材质是煤精石，又称煤根石、煤玉，是煤的一种石化现象，呈灰黑色略带蓝黑，属比较罕见珍稀的印石。这枚印高4.5厘米，宽4.35厘米，一共包括48条棱和26个面。其中正方形面共18面，其余皆为三角形。14面全用规整的楷书阴刻，这种官私印合一的特殊形制，是研究北朝印玺制度的珍贵实物资料。

据印文内容及核查史书，可以确认此印为西魏大司马独孤信之印。因为所担任的官职太多，为方便起见，独孤信便将官、爵号及姓名、书札、奏疏专用印都刻在一枚印章上，这样一来，使用或携带都非常方便。印文的内容可分为三大类：公文用印，如"大都督印""大司马印""柱国之印""刺史之印""令""密"和"耶敕"；上书用印，如"臣信上疏""臣信上章"和"臣信上表"；书信用印，如"独孤信白书""信启事""信白笺"和"臣信启事"。

该题融入了中国历史悠久的金石文化，浓浓的人文气息让很多理科高考学子"烧脑"不已。这枚印的主人大概也不会想到，他的印会出现在一千多年后的全国高考数学试卷中……

注：

⑦ 万印楼位于山东潍坊潍城区芙蓉街 77 号，建筑面积 380 平方米，距潍坊飞机场 7 公里，距潍坊火车站 1.5 公里。

⑧ 独孤信，中国历史上一个传奇的人物，生于北魏景明四年（503年），祖籍云中县，鲜卑族，武川镇（今内蒙武川西南）人，本名如愿。史称其"美容仪，善骑射"。西魏大统六年（540）为陇右十六州大都督、秦州刺史，大统十四年（548）进位柱国大将军。